Autonomes Fahren
und die Zukunft der Mobilität

Marco Lalli

Autonomes Fahren und die Zukunft der Mobilität

2. Auflage

 Springer

Marco Lalli
sociotrend GmbH
Heidelberg, Deutschland

ISBN 978-3-662-68123-7   ISBN 978-3-662-68124-4   (eBook)
https://doi.org/10.1007/978-3-662-68124-4

Die Deutsche Nationalbibliothek verzeichnet diese Publikation in der Deutschen Nationalbibliografie; detaillierte bibliografische Daten sind im Internet über http://dnb.d-nb.de abrufbar.

Planung/Lektorat: Axel Garbers
Springer ist ein Imprint der eingetragenen Gesellschaft Springer-Verlag GmbH, DE und ist ein Teil von Springer Nature.
Die Anschrift der Gesellschaft ist: Heidelberger Platz 3, 14197 Berlin, Germany

Das Papier dieses Produkts ist recyclebar.

Vorwort zur 2. Auflage

Das *Autonome Fahren* hängt in besonderem Maße vom technologischen Fortschritt in vielerlei Bereichen ab. So erstaunt es nicht, dass eine Abhandlung zu diesem Thema schnell veraltet. Dies gilt für das vorliegende Buch in geringerem Maße, wie ich bei der Überarbeitung feststellen konnte. Die technischen Vorhersagen sind weitgehend eingetroffen und auch die angenommenen Zeitpläne haben sich bestätigt. Es gibt also keine Veranlassung, das Ziel in eine immer entferntere Zukunft zu verbannen.

Am meisten verändert hat sich die politische und gesellschaftliche Bewertung der verschiedenen Verkehrsträger. Die sich zuspitzende Diskussion um den menschengemachten Klimawandel hat zu einem Umdenken geführt, das ich in dieser Form nicht erwartet habe. An erster Stelle ist hier der Luftverkehr zu nennen. Trotz seines relativ geringen Anteils an den weltweiten CO_2-Emissionen (ca. 2,9 %) ist das Fliegen im All-

gemeinen und auf der Kurzstrecke im Besonderen deutlich unter Legitimationsdruck geraten. In jüngster Zeit
werden sogar Forderungen laut, das Fliegen mit Geschäfts-
flugzeugen ganz zu verbieten. Der zweite Profiteur der
Klimakrise ist neben dem Fahrrad eindeutig die Schiene.
Der schienengebundene ÖPV, ob lokal, regional oder
national gilt als eine Art Allheilmittel zur Reduzierung
klimaschädlicher Emissionen. Entsprechend hoch sind die
Investitionen in neue Strecken und Fahrzeuge. Noch all-
gemeiner könnte man sagen, dass Mobilität an sich immer
kritischer gesehen wird. Man fragt sich, ob man so viel
und so weit pendeln oder reisen muss. Unsere positiven
Erfahrungen mit dem Homeoffice wirken hier nach. Und
auch die Reiseverbote während der Corona-Krise haben
gezeigt, dass Fernreisen nicht so unverzichtbar sind wie
angenommen. Das ist auch eine Folge der zunehmend
kritischen Sicht auf die Globalisierung.

Aber noch etwas anderes hat mich zu dieser zweiten
aktualisierten Auflage bewogen. So gut dieses Buch von
der Fachöffentlichkeit und von meinen Kollegen auf-
genommen wurde, so schmerzlich musste ich erfahren,
dass gerade eine Klientel, die mir besonders am Herzen
liegt, meine Analysen und Prognosen als *autofreund-
lich* abtut. Ich denke an die Umweltverbände, an Teile
der Grünen Partei und auch an einige der großen
Verkehrsverbünde im heutigen ÖPNV. Autonomes Fahren
wird hier mit individueller, autogebundener Mobilität gleichgesetzt. Und meine Kritik am Schienenverkehr
steht natürlich den politischen Bestrebungen zu seinem
massiven Ausbau diametral entgegen.

Diese Kritik ist meines Erachtens Ausdruck einer
überholten Frontenbildung, eines alten Freund-Feind-
Denkens. Auf der einen Seite der böse autogebundene
Individualverkehr, auf der anderen Seite der gute ÖPNV

ergänzt durch Bahn und Fahrrad. In diesem Buch habe ich versucht zu zeigen, dass dieses Denken überholt ist. Autonomes Fahren bedeutet nicht automatisch die Förderung des Individualverkehrs. In einer nicht allzu fernen Zukunft werden *alle* Verkehrsmittel autonom fahren. Das gilt für Busse, Straßenbahnen, U-Bahnen, Züge, Lastwagen, und selbst das Flugzeug wird keine Piloten mehr brauchen. Darüber hinaus wird das autonome Fahren eine Vielzahl neuer Verkehrsformen ermöglichen, die zu einer Aufhebung der Trennung von Individualverkehr und öffentlichem Verkehr führen werden.

Unterschätzt habe ich die Beharrungskräfte im Denken, die starren Kategorien, die sich in den Köpfen festgesetzt haben. Deshalb habe ich mir die Mühe gemacht, meine Vision von der Mobilität der Zukunft noch klarer zu formulieren, um auch die hartnäckigsten Vertreter der althergebrachten Denkmuster zum Umdenken zu bewegen.

Einstellung und Verhalten im Bereich der Mobilität sind tief im Alltag der Menschen verwurzelt. Unzählige aktuelle Beispiele zeigen, wie schwierig es ist, sie zu ändern. So wie die Mobilität viele Jahrzehnte gebraucht hat, um sich bis heute zu entwickeln, wird sie viele Jahre, wenn nicht Jahrzehnte brauchen, um sich zu verändern. Geduld ist also gefragt, was nicht heißt, dass die Verkehrswende nicht beherzt angegangen werden muss. Denn von alleine wird sich nichts ändern. Das habe ich in den letzten Jahren gelernt.

Marco Lalli

Vorwort

Bei dem folgenden Beitrag handelt es sich nicht um eine wissenschaftliche Arbeit. Deshalb habe ich auf Zitate, Quellen und Nachweise weitgehend verzichtet. Man könnte ihn daher am ehesten als Essay oder schlicht als Aufsatz bezeichnen. Selbstverständlich sind alle niedergelegten Überlegungen dennoch meine eigenen.

Angesichts der aktuellen lebhaften Diskussion und der rasanten technischen Entwicklung der letzten Jahre habe ich mich entschlossen, meine Überlegungen zum Thema *Autonomes Fahren* in diesem Beitrag zusammenzufassen. Sie sind das Ergebnis meiner und unserer langjährigen Forschungsarbeit zum Thema Mobilität. Ich denke, es ist ein überaus spannendes Thema.

Wenn ich im Folgenden gelegentlich von „wir" und „uns" spreche, handelt es sich nicht um ein Pluralis Majestatis. Ich beziehe mich dann auf die Arbeit meines Instituts, der sociotrend GmbH, und die dort tätigen Kolleginnen und Kollegen.

Einiges von dem, was Sie lesen werden, wird Ihnen bekannt vorkommen. Anderes ist neu und mag manchem provokativ erscheinen. Ich habe versucht, die Dinge weiter und zu Ende zu denken. Das führt mitunter zu überraschenden Ergebnissen, und so bin ich mir sicher, bei dem einen oder anderen Punkt auf lebhaften Widerstand zu stoßen.

Natürlich ist es weithin offen, wie sich die Mobilität in Zukunft entwickeln wird. Ich möchte meine Thesen zur Diskussion stellen und freue mich auf kritische Anregungen und eine kontroverse Beiträge.

Von einem bin ich allerdings überzeugt: Wir stehen vor epochalen Umwälzungen. Ganze Industrien werden neu entstehen, andere werden untergehen. Auch wenn es dabei um Jahrzehnte geht: Für alle im Feld der Mobilität tätigen Unternehmen ist es allerhöchste Zeit, sich darauf einzustellen.

Voranstellen möchte ich eine Begriffsklärung. Wenn im Folgenden vom „autonomen Fahren" die Rede ist, dann ist damit ein Fahren ohne direktes menschliches Zutun gemeint. Im Gegensatz dazu steht das vom Fahrer gesteuerte Automobil, wie wir es heute kennen.

Nun ist das Automobil schon von der Wortherkunft her ein sich selbst fortbewegendes Fahrzeug. Dies könnte zu einer gewissen Verwirrung führen.

Der Begriff „Automobil" entstand Ende des 19. Jahrhunderts, um Fahrzeuge, die sich mit Maschinenkraft fortbewegten, von jenen zu unterscheiden, die bis dahin von Tieren gezogen wurden. Dass es für ihre Steuerung dennoch eines Menschen bedurfte, tat dieser Autonomie keinen Abbruch.

Das autonome Automobil stellt also eine weitere Steigerung der Autonomie des Autos dar, eine Art Autonomie zweiter Ordnung. Und so titelte *Der Spiegel* vor einiger Zeit folgerichtig *Das Auto-Auto*[1], als es um selbstfahrende Automobile ging.

Ich verwende autonomes Fahren im Sinne von automatisiertem Fahren. Man könnte auch von einem autonomen Automobil sprechen, was wie ein Pleonasmus klingt, wenn man nicht bedenkt, dass sich das eine auf die Antriebsquelle und das andere auf die Steuerung bezieht.

Diesen Aufsatz habe ich erstmals im Frühjahr 2016 in einer internen Fassung geschrieben. Damals ging ich davon aus, dass es noch zehn bis fünfzehn Jahre dauern würde, bis die ersten vollautonomen Autos in den regulären Betrieb gehen bzw. gekauft werden können. Heute, sieben Jahre später, sind wir diesem Ziel entscheidend näher gekommen. Wir bewegen uns langsam, aber stetig in die von mir skizzierte Richtung: Neue Modellreihen mit noch weitergehenden autonomen Funktionen sind auf den Markt gekommen, weitere sind für die nächsten Jahre angekündigt. Die Modellversuche, insbesondere in den USA, sind deutlich ausgeweitet worden. Das Ziel des autonomen Fahrens ohne menschliche Steuerung ist in greifbare Nähe gerückt. Vielleicht haben wir inzwischen die Hälfte des Weges zurückgelegt, vielleicht mehr. Deshalb bleibe ich bei meiner Prognose: Zwischen 2026 und 2030 werden wir das autonome Fahren ohne menschliche Unterstützung oder Überwachung erreicht haben.

Die Kehrseite dieses Fortschritts: Wir haben die ersten, durch vollautonome Fahrzeuge verursachten Unfälle. Und es gab die ersten Toten. Die Reaktionen darauf sind erstaunlich verhalten: Das Unglück sei auch für einen menschlichen Fahrer unvermeidbar gewesen, Computer könnten trotz allem besser fahren als Menschen. Man sieht

---

[1] Der Spiegel 9/2016.

also den „Kosten" der Automatisierung relativ gelassen entgegen.

In der öffentlichen Diskussion wurde das autonome Fahren jedoch Ende der 2010er Jahre durch den Dieselskandal verdrängt. Die sichtbar gewordene kriminelle Energie der Automobilindustrie, ihre Verquickung mit der Politik, ihre kategorische Weigerung, echte Nachrüstungen zu übernehmen und für die verursachten Schäden aufzukommen, die Angst der betroffenen Autofahrer vor drohenden Fahrverboten, all das hat hat das Ansehen der gesamten Branche auf einen Tiefpunkt sinken lassen. Man ist nicht mehr stolz auf diese Vorzeigeprodukte deutscher Ingenieurskunst, und mehr noch: Das Made-in-Germany hat im In- und Ausland erheblichen Schaden genommen. Erst langsam beginnt es sich zu erholen.

Nun geht es in diesem Aufsatz nicht um die Automobilindustrie im Allgemeinen. Die Ereignisse der jüngsten Zeit haben m. E. jedoch drei Dinge deutlich gemacht: 1) Die öffentliche Diskussion wird nach wie vor hauptsächlich von Antriebs- und Motorenkonzepten geprägt (elektrische Antriebe, das Für und Wider der Wasserstofftechnologie), anstatt sich mit den wirklich (r)evolutionären Konsequenzen des vollautomatisierten Automobils auseinanderzusetzen. 2) Der Autofahrer sorgt sich um seine individuelle Mobilität, die er durch die Förderung alternativer Verkehrskonzepte wie Fahrrad und ÖPNV bedroht sieht. Seit Jahren wird erbittert um Fahrspuren und Gehwege gerungen. 3) Die Automobilindustrie und ihre Zulieferer beginnen zu begreifen, dass ein einfaches „weiter so" nicht ausreicht. Doch auch hier geht es vor allem um die Elektrifizierung des Fahrens, also um alternative Antriebskonzepte. Das autonome Fahren steht dahinter an.

Bei meinen Vorträgen und zahlreichen Gesprächen habe ich insbesondere in den letzten zwei Jahren den Eindruck gewonnen, dass sich einiges bewegt.

Die ersten Jahre dieses Jahrzehnts (2020er Jahre) sind geprägt von einer Aufbruchstimmung, die alle gesellschaftlichen Bereiche erfasst hat. Sie ist größer als je zuvor in der jüngeren Geschichte. Sie ist größer als im Jahr 2010, als man nach der Wirtschaftskrise voller Pessimismus in die Zukunft blickte, und sie ist größer als zur Jahrtausendwende, als die Zukunft noch fern und ungewiss schien.

In den letzten Monaten kam der Hype um die „neue" KI mit ihren schier unendlichen Möglichkeiten hinzu. Wir stehen hier erst ganz am Anfang einer revolutionären gesellschaftlichen Umwälzung, deren Folgen noch gar nicht absehbar sind. Sicher ist, dass sie auch das autonome Fahren beeinflussen und diese Entwicklung entscheidend beschleunigen wird.

Der Klimawandel und die daraus entstandenen sozialen Bewegungen haben den Verkehrssektor in den Mittelpunkt der gesellschaftlichen Debatte gerückt. Dieser Prozess hat sich in den letzten Jahren erheblich verstärkt. Noch nie wurde so viel über Mobilität diskutiert wie heute. Das ist gut und lässt hoffen, dass hier endlich etwas geschieht.

Aber es hat sich auch etwas anderes gezeigt. Die Mahnungen an die Automobilindustrie, die neuen Entwicklungen „nicht zu verschlafen", die Warnungen, sie werde andernfalls in eine schwere Krise geraten und womöglich untergehen, haben sich schneller als erwartet bewahrheitet.

Wir haben Massenentlassungen, Gewinneinbrüche, Insolvenzen und Fusionen erlebt. Das gilt sowohl für die Automobilindustrie als auch für die fast ebenso wichtigen Zulieferer. Und wir erleben eine immer hektischere

Betriebsamkeit, die verzweifelten Versuche, doch noch umzusteuern.

Unsere Automobilindustrie befindet sich in einer Strukturkrise, darüber herrscht inzwischen Einigkeit. Wie es dazu kommen konnte, soll im Folgenden näher beleuchtet werden.

Noch etwas ist mir bei meinen Gesprächen in letzter Zeit aufgefallen. Wenn man vom autonomen Fahren die Rede ist, sagen die meisten Menschen: „Ach ja, die Elektroautos." Nun hat die Steuerung eines Fahrzeugs wenig mit dem Antriebskonzept zu tun. Dennoch scheint für die meisten eine Gleichsetzung stattzufinden: Autonomes Fahren ist elektrisch. Das hängt vermutlich damit zusammen, dass beides für die nahe bis mittlere Zukunft erwartet wird.

Dass das autonome Fahren kommen wird, ist Konsens, beim elektrischen Antrieb ist das aber keineswegs der Fall. Für viele Experten sind Brennstoffzellen zukunftsfähiger als Batteriefahrzeuge.[2] Hier ist das letzte Wort noch nicht gesprochen.

Wir sollten also festhalten, dass das autonome Auto nicht zwangsläufig elektrisch fahren muss. Sein Antrieb ist eine völlig andere Frage, die auch separat diskutiert und entschieden werden muss. Aber natürlich hat der Antrieb auch für autonome Fahrzeuge bestimmte Implikationen, die wir diskutieren werden.

Wenn ich in diesem Buch auf die heute allgegenwärtige Genderisierung weitestgehend verzichte, so geschieht dies aus Gründen der Lesbarkeit. Ich bin mir aber dieser Problematik durchaus bewusst und möchte einer solchen Kritik im Voraus uneingeschränkt recht geben.

---

[2] Auch wenn BP gerade in einer neuen Studie für den Antrieb von Automobilen keine Zukunft mehr in der Wasserstofftechnologie sieht. Im Jahre 2050 werden demnach 70 % aller Autos elektrisch angetrieben werden. Die Brennstoffzelle mit Wasserstoff soll weniger als 1 % ausmachen.

Zu guter Letzt möchte ich dem Springer-Verlag danken, der es mir ermöglicht hat, dieses Werk einer breiteren Öffentlichkeit zugänglich zu machen. Dies war der Anlass für eine erneute Überarbeitung und auch für eine deutliche Erweiterung des Umfangs dieser Schrift.

Die Zeit schreitet unaufhaltsam voran. Wir alle haben Mühe, mit ihr Schritt zu halten.

Marco Lalli

Zusammenfassung

Ausgehend von der Annahme, dass sich das autonome Fahren in den nächsten Jahren durchsetzen wird, werden die sich daraus ergebenden Implikationen für die verschiedenen Verkehrsträger skizziert. Es wird davon ausgegangen, dass der individuelle Besitz am Fahrzeug zur Ausnahme und von verschiedenen Formen der Fahrzeugmiete verdrängt werden wird. Betreiber großer Fahrzeugflotten werden die Mobilitätsbedürfnisse der Menschen befriedigen und auf unterschiedliche Fahrzeugkonzepte und -größen setzen. Das wird zu einem fließenden Übergang zwischen Individual- und öffentlichem Verkehr führen. Der schienengebundene Verkehr wird in diesem Szenario zum Auslaufmodell. Seine Vorteile gegenüber der Straße schwinden zusehends. Es wird davon ausgegangen, dass ein vollständiger Umstieg auf das autonome Fahren bis zu 50 Jahre erfordern kann. Bis dahin ist mit einem Mischverkehr, also einem Nebeneinander von autonomen und nicht-autonomen Fahrzeugen, auf unseren Straßen zu rechnen.

Summary

Based on the assumption that autonomous driving will prevail in the years to come, the implications for various transport carriers are outlined. It is expected that the private vehicle ownership will become the exception and will be replaced by different forms of vehicle rental. Operators of vehicle fleets will meet the mobility demands of the people using a wide span of different vehicle concepts and sizes. This will lead to a fluid transition between individual and public transport. In this scenario, rail-bound transport will decrease in importance, with its advantages over the road transport quickly diminishing. It is expected that the complete change to autonomous driving may require up to 50 years. Until then, mixed traffic, meaning the coexistence of autonomous and non-autonomous vehicles, will be the normal state on our roads.

Inhaltsverzeichnis

Über den Autor

Marco Lalli Jahrgang 1959, ist Sozial- und Umwelt-psychologe und hat an der Universität Heidelberg studiert sowie an der Technischen Universität Darmstadt promoviert. Nach vielen Jahren Lehr- und Forschungs-tätigkeit an deutschen Hochschulen ist er seit 2002 Geschäftsführer und Inhaber der sociotrend GmbH, einem auf Forschungsmethoden spezialisierten Sozial-forschungsinstitut.

Ein Schwerpunkt der Institutsarbeit liegt in der Mobili-tätsforschung. Zu den Kunden gehören öffentliche Verkehrsunternehmen wie die Schweizerischen Bundes-bahnen SBB sowie zahlreiche nationale und internationale Automobilhersteller.

Seit einigen Jahren befasst sich die sociotrend GmbH mit dem Thema Elektromobilität und hat für verschiedene Auftraggeber Studien zur Akzeptanz alternativer Antriebe durchgeführt.

Parallel dazu erforscht die sociotrend GmbH gesellschaftliche Entwicklungen im Rahmen einer eigenen Trendforschung. Dies erfolgt in Zusammenarbeit mit Partnerinstituten. Dabei werden auch mögliche Szenarien künftigen gesellschaftlichen Zusammenlebens thematisiert.

Marco Lallis eigene Forschungsschwerpunkte liegen im Bereich der Umweltpsychologie und Entscheidungsforschung. Hierbei kommen komplexe Modelle zur Vorhersage individueller Entscheidungen zum Einsatz (etwa bei der Verkehrsmittelwahl).

Einführung

Betrachtet man die Entwicklung der räumlichen Mobilität in den letzten 50 Jahren, so ist man erstaunt, wie wenig sich verändert hat.

In meiner Kindheit und Jugend gab es eine lebhafte Diskussion um die *Zukunft,* und in den zahlreichen Abhandlungen jener Zeit wurde eine fantastische Welt des Jahres 1975 oder gar des fernen Jahres 2000 beschworen, auf deren Eintreffen man bisher vergeblich gewartet hat.

In den Städten bewegte man sich auf Laufbändern, die die Bürgersteige ersetzten und mit unterschiedlichen Geschwindigkeiten ein zügiges Vorankommen der Fußgänger ermöglichten. Man betrat das langsamste Band und wechselte sukzessive auf ein schnelleres, wenn man längere Strecken zurücklegen wollte.

Der Himmel war von fliegenden Automobilen bevölkert, futuristischen Gleitern, die sich auf Luftstraßen fortbewegten und senkrecht starten und landen konnten.

M. Lalli, *Autonomes Fahren und die Zukunft der Mobilität,* https://doi.org/10.1007/978-3-662-68124-4_1

Für weite Distanzen gab es raketenähnliche Flugzeuge, Raumschiffen gleich, die Menschen in einer knappen Stunde von Europa nach Australien beförderten.

Ganz zu schweigen von anderen bizarren Gebilden wie atomgetriebenen Lastwagen und fliegenden Städten oder solchen unter dem Meer.

Heute wissen wir, dass es ganz anders gekommen ist. Die großen Quantensprünge sind ausgeblieben, neue revolutionäre Verkehrsträger haben sich nicht durchgesetzt. Und doch hat Fortschritte gegeben.

Schaut man sich einen alten Spielfilm an, werden die Unterschiede zur heutigen Zeit deutlich. Zuallererst die volleren Straßen, die größeren Autos, Technik, die alles mehr und mehr durchdringt, und nicht zuletzt die allgegenwärtigen Sicherheitsmaßnahmen.

Tatsächlich sind alle heute wichtigen Verkehrsträger mindestens 100 Jahre alt. Die Eisenbahn gar das Doppelte. Auffallend ist, dass Verkehrsmittel, auf die heute besondere Hoffnungen gesetzt werden – wie das Fahrrad oder die Straßenbahn – zum Teil noch älter sind.

Die wenigen wirklich revolutionären Entwicklungen blieben dagegen auf der Strecke.

Das Überschallpassagierflugzeug wurde aus Lärm- und Verbrauchsgründen eingestellt. Es ließ sich zudem nicht kostendeckend betreiben, da die Menschen offenbar nicht bereit waren, den hohen Preis für den eher geringen Zeitgewinn zu bezahlen. Die Concorde war sowohl für die Entwickler und Betreiber als auch für die Passagiere ein reines Prestigeobjekt. Ob die zahlreichen Überschallprojekte, an denen Stratups heute arbeiten, jemals operativ werden, bleibt abzuwarten.

Die in Deutschland über Jahrzehnte hinweg entwickelte Magnetschwebebahn erwies sich als zu teuer und den Hochgeschwindigkeitszügen nicht überlegen. Sie fristet in China ein kümmerliches Dasein. Man muss abwarten, ob die neuen chinesischen (und japanischen) Pläne das Konzept wiederbeleben können.[1]

In der Schweiz wurde die Idee einer futuristischen *Swiss Metro* aufgegeben. Dieses System unterirdischer Röhren sollte Menschen in Hochgeschwindigkeitskapseln von einer Stadt zur anderen schießen. Zu teuer und zu wenig effizient in einem kleinen Land wie der Schweiz. Stattdessen zuckeln normale Eisenbahnzüge mit kaum mehr als 100 Stundenkilometern durchs Land, dafür im dichten Takt. Ob Elon Musk seinen *Hyperloop,* ein ähnliches Konzept wie die *Swiss Metro,* zwischen San Francisco und Los Angeles realisieren wird, bleibt abzuwarten.

Also Evolution, statt Revolution? Ja und nein. Denn natürlich sieht ein Auto heute anders aus als vor 100 Jahren, und auch ein moderner Hochgeschwindigkeitszug hat wenig Ähnlichkeit mit den Dampflokomotiven der 1920er und 1930er Jahre. Ganz zu schweigen von einem Airbus A380 mit seinen bis zu 600 t, wenn man eine Douglas DC3 aus dem Jahr 1935 mit 12 t maximalem Startgewicht daneben stellt.

Wenn wir heute an die Zukunft der Mobilität denken, stehen vor allem die Antriebskonzepte im Vordergrund. Dabei geht es hauptsächlich um den Ersatz fossiler Brennstoffe durch elektrische Antriebe, durch gas- oder wasserstoffbetriebene Motoren oder Brennstoffzellen. Solche Veränderungen in der Motorisierung haben zwar große Auswirkungen auf die technische Infrastruktur wie Ladestationen oder Wasserstoffkreislauf, an der Ausgestaltung

---

[1] Neuerdings wird über eine Magnetschwebebahn in München zwischen Flughafen und Innenstadt diskutiert. Sie wäre Teil eines Nahverkehrskonzepts ähnlich wie die Flughafenanbindung in Shanghai. Nur würde sie in Deutschland hier mit lediglich 150 km/h verkehren, dort mit 320 km/h. Ob ihre Realisierung realistisch ist, wird sich zeigen. (Süddeutsche Zeitung vom 17.02.2020).

der Mobilität selbst, also der Art und Weise, wie wir uns fortbewegen, ändert sich jedoch wenig.

Neben neuen bzw. wiederentdeckten Antriebskonzepten gibt es weitere aktuelle Trends.

So ist allerorten eine Renaissance des Fahrrads zu beobachten. Dies hängt auch, aber nicht nur, mit der Elektrifizierung dieses Verkehrsmittels zusammen. Zum einen werden große Flotten von Leihrädern bereitgestellt, die man zeitweise mieten und für einzelne Wege nutzen kann. Zum anderen werden große Anstrengungen unternommen, eine fahrradgerechte Infrastruktur aufzubauen, um die Menschen zum Umstieg auf das Fahrrad zu bewegen. Diese Entwicklung geht von den großen Metropolen aus und beschränkt sich auf die größeren Städte, der ländliche Raum wird davon noch kaum berührt.

Als Vorreiter ist hier die Stadt Kopenhagen zu nennen, wo es durch verschiedene Detaillösungen gelungen ist, dass ein beachtlicher Anteil aller Wege mit diesem umweltfreundlichen Verkehrsmittel zurückgelegt wird.

Norwegen hat angekündigt, umgerechnet eine Milliarde Euro für den Bau eines eigenständigen Radwegenetzes zur Verfügung zu stellen[2], ein Land, das weder topografisch noch klimatisch besonders fahrradfreundlich erscheint.[3] Das nicht gerade als autofeindlich bekannte Paris[4] hat kürzlich ein großes Programm zur Verkehrsberuhigung und Fahrradförderung aufgelegt. Und selbst in Manhattan gibt es immer mehr Fahrradwege und ein gut funktionierendes Fahrradverleihsystem.

---

[2] Nasjonal transportplan 2018–2029.

[3] Im norwegischen Bergen entsteht derzeit der mit fast drei Kilometern längste Fußgänger- und Fahrradtunnel der Welt. (Life in Norway, 18 Juli 2019).

[4] Süddeutsche Zeitung vom 05.06.2019.

Auch der zweite aktuelle Trend ist nicht neu. Bereits in den 1960er und 1970er Jahren kam die Idee auf, Autos nicht mehr individuell zu besitzen, sondern mit anderen zu teilen. Die erste bekannte Selbstfahrergenossenschaft wurde sogar schon 1948 in der Schweiz gegründet. Carsharing im engeren Sinne begann sich jedoch erst Mitte der 1980er Jahre durchzusetzen. Anfang 2020 gab es in Deutschland mehr als zwei Millionen registrierte Carsharing-Nutzer.[5] Man könnte sagen, dass diese Mobilitätsform endgültig aus ihrer Nische herausgetreten ist. Und doch sind es nicht viel mehr als zwei Prozent aller mobilen Menschen in Deutschland.

Carsharing eignet sich besonders für Menschen, die in Großstädten leben und relativ wenige Kilometer pro Jahr zurücklegen. Doch nicht nur die offensichtlichen Vorteile führen zu den aktuellen jährlichen Wachstumsraten, Carsharing wird auch von einem weiteren gesellschaftlichen Megatrend befeuert: dem zunehmenden Hang zum *Teilen*. Das Stichwort lautet *Sharing Economy*.

Es ist eine allgemeine Abkehr vom Besitzdenken zu beobachten. Man will Dinge nutzen, muss sie aber nicht unbedingt besitzen. Dies zeigt sich in vielen Bereichen des täglichen Lebens und reicht von Anbauflächen für landwirtschaftliche Produkte über Wohnraum bzw. Schlafplätzen bis hin zu Werkzeugen, Maschinen, Büchern, Schmuck usw. Dinge werden zeitweise gemietet oder getauscht. Dauerhafter Besitz wird immer seltener als Voraussetzung für die Nutzung angesehen.

Bezogen auf das Auto bedeutet dies eine radikale Abkehr vom Prestige- und Statusdenken und einen zunehmenden Utilitarismus, war das Auto doch lange Zeit nicht nur Mittel zum Zweck, sondern auch Ausdruck

[5] Bundesverband CarSharing, Datenblatt, 18.02.2020.

eines individuellen Lebensstils und die Zurschaustellung von Status und Prestige.

Verkehrs- und Stadtplaner, die Betreiber von Verkehrssystemen aller Art und auch die Automobilindustrie sind sich über einen weiteren Trend einig: Es geht nicht mehr darum, einzelne Verkehrsträger zu nutzen, sondern sie zu *kombinieren*. Das Stichwort heißt *Multi- oder Intermodalität*. Man könnte zum Beispiel mit der Bahn in eine fremde Stadt fahren, sich dort ein Mietfahrrad zum Ziel ausleihen, auf dem Rückweg ein Taxi zum Flughafen nehmen und in der Heimatstadt mit dem Carsharing-Fahrzeug nach Hause fahren.

Anything goes, wenn es nur der Sache, sprich der individuellen Mobilität, dient. Auch hier spielt der Nutzen eine entscheidende Rolle (Zeit, Geld etc.). Darüber hinaus wird die undogmatische Kombination verschiedener Verkehrsmittel aber auch als *nachhaltig* verstanden, weil sie Ressourcen schont.

Es liegt auf der Hand, dass dieser eklektische Umgang mit Mobilität auch die oben genannten Trends (Fahrrad und Carsharing) voraussetzt und mit einschließt. Insofern ist dieser Tendenz für die Zukunft eine besondere Bedeutung beizumessen.

Lange Zeit unbemerkt und als Spielerei in der automobilen Oberklasse missverstanden, zeichnet sich eine weitere Entwicklungslinie ab: die zunehmende Technisierung des Fahrens und die Computerisierung des Automobils. Gemeint ist damit der zunehmende Einsatz von Mikroprozessoren und die Vernetzung des Automobils sowohl mit festen Stationen und Anlagen als auch untereinander.

Das moderne Auto ist nicht einfach nur ein Computer mit Internetanschluss, sondern ein hochkomplexes System aus Dutzenden untereinander und mit der Außenwelt vernetzten Rechnern mit gewaltiger Kapazität.

Das erste Fahrassistenzsystem (FAS), das sich durchsetzte und heute in jedem Auto und sogar bei vielen Motorrädern zum Standard gehört, war das Antiblockiersystem (ABS). Das Patent von Bosch stammt aus dem Jahr 1936, aber bereits Anfang des zwanzigsten Jahrhunderts hatten Ingenieure erste Ideen. In Serie sollte es erst 1978 gehen, anfangs eher belächelt, meinten doch die meisten Autofahrer, sie wären mit ihrem fahrerischen Können jedem Automaten weit überlegen.

Es folgten Antriebsschlupfregelung (ASR) sowie elektronisches Stabilitätsprogramm (ESP), und der Widerstand begann zu schwinden. Die Autofahrer gewöhnten sich zunehmend an die Hilfe des Computers. Es war bequemer und v. a. sicherer, sich auf die Eingriffe der elektronischen Helfer zu verlassen.

Die Schar der FAS ist heute unüberschaubar. Es gibt Dutzende. Einige dienen der Fahrsicherheit (z. B. Bremsassistent, Kollisionswarn- und -schutzsystem, Spurhalte- und Spurwechselassistent, Reifendruckkontrollsystem), andere eher der Bequemlichkeit (z. B. Tempomat, Einparkhilfe oder Einparkautomat, Scheibenwischer- und Lichtautomatik, Verkehrszeichenerkennung). Allen diesen Systemen ist gemeinsam, dass sie den Fahrer entlasten. Sie automatisieren das Fahren in zwar kleinen, aber in der Summe deutlichen Schritten.

Parallel zur Entwicklung immer ausgefeilterer Assistenzsysteme trat die Navigation ihren Siegeszug an. War sie vor dreißig Jahren wie alle kostspieligen Neuerungen noch der Mittel- und Oberklasse vorbehalten, so gibt es heute kaum noch Neuwagen, die nicht mit einem Navigationssystem ausgestattet oder nachgerüstet sind. Zwar muss der Fahrer nach wie vor den Anweisungen einer Computerstimme folgen, doch wird er der Aufgabe enthoben, sich im Gewirr des modernen Straßennetzes selbst zurechtzufinden. Auch die Entscheidung, ob und wie ein Stau umfahren werden soll, trifft der Computer. Der Fahrer führt nur noch dessen Anweisungen aus.

Die dritte Innovationsquelle im Auto neben den Assistenz- und Navigationssystemen stellt die Konnektivität dar. Diese wird zwar auch benötigt, um dem Fahrer den Reifendruck zurückzumelden und Staus auf der Strecke anzuzeigen. Doch die Zeiten, in denen unter Konnektivität v. a. die Möglichkeit verstanden wurde, sein Telefon anzuschließen, sind längst vorbei. Das moderne Auto ist mit dem Internet verbunden, es kann mit Menschen und Dingen kommunizieren. Schon bald werden sich die Autos untereinander z. B. über die Verkehrslage und eines Tages vielleicht sogar über die Vorfahrt verständigen.

Fasst man diese drei Entwicklungslinien (Assistenz, Navigation und Konnektivität) zusammen und schreibt sie in die Zukunft fort, wird deutlich, dass es nur eine Frage der Zeit ist, bis Autos autonom, d. h. ohne menschliches Eingreifen fahren. Dies gilt auch für Lastwagen und Busse, in geringerem Maße für motorisierte Zweiräder. Es ist müßig darüber zu spekulieren, ob dies bereits in fünf, in zehn oder erst in zwanzig Jahren der Fall sein wird. Vielleicht dauert es noch fünfzig Jahre. Aber wir müssen uns auf eine Zukunft einstellen, in der autonomes Fahren die Regel, vielleicht sogar die einzig zulässige Form motorisierter Mobilität sein wird.

Man ist zunächst geneigt, sich eine solche Zukunft mehr oder weniger wie die Gegenwart vorzustellen. Statt eines Menschen fährt eben ein Computer, ansonsten bleibt alles beim Alten. Dem ist aber nicht so. Das autonome Fahren wird die Mobilität von Menschen und Waren grundlegend revolutionieren. Es wird enorme Auswirkungen auf viele Industrien, auf unsere Städte, auf das Wohnen, auf viele Gewohnheiten des täglichen Lebens haben.

Wir stehen am Anfang dieser Entwicklung. Sie wird aber nicht wie bisher nur aus einer linear zunehmenden Automatisierung bestehen, sondern irgendwann zu einem Quantensprung führen, der alles verändert. Das ist ein überaus spannender Prozess, der uns zurück zu den Zukunftsvisionen der 1950er und 1960er Jahre führt. Diese Zukunft ist dabei, unsere Gegenwart zu werden. Endlich möchte man sagen. Wir haben sehr lange darauf gewartet.

Geschichte

Neben den skizzierten allgemeinen Entwicklungslinien gab es bereits vor fast 50 Jahren erste ernstzunehmende Versuche, wirklich autonome Fahrzeuge auf die Straße (oder auf abgesperrte Teststrecken) zu bringen.

Dass diese letztlich scheiterten, lag vor allem daran, dass wichtige Bausteine noch nicht verfügbar oder zu teuer waren. Das Global Positioning System (GPS) ist erst seit der Abschaltung der künstlich erzeugten Ungenauigkeit im Jahr 2000 in vollem Umfang auch zivil nutzbar. Die 3G-Mobilfunktechnologie steht ebenfalls erst seit dem Jahre 2000 zur Verfügung, 4G sogar erst seit 2010. Ähnliches gilt für die Computer- und Sensortechnologie. Sie war sehr schwer, ungenau und wenig leistungsfähig.

Dennoch können aus diesen Erfahrungen Lehren für die Gegenwart gezogen werden. Zudem kann man besser nachvollziehen, warum die Entwicklung so und nicht

© Der/die Herausgeber bzw. der/die Autor(en), exklusiv lizenziert durch Springer-Verlag GmbH, DE, ein Teil von Springer Nature 2023
M. Lalli, *Autonomes Fahren und die Zukunft der Mobilität*, https://doi.org/10.1007/978-3-662-68124-4_2

anders verlaufen ist. Deshalb möchte ich im Folgenden auf einige Meilensteine eingehen.

Als Pionier des autonomen Fahrens gilt das japanische Ingenieurbüro Tsukaba, das bereits 1977 ein erstes „intelligentes" Fahrzeug baute. Es war in der Lage, den weißen Straßenmarkierungen mit etwa 30 km/h zu folgen.

Das waren bescheidene Anfänge, und es dauerte weitere zehn Jahre, bis ernsthafte Fortschritte erzielt wurden.

Einer der Väter der Fahrautomatisierung in Deutschland ist zweifellos Ernst Dickmanns, Professor an der Universität der Bundeswehr in München. Die Tatsache, dass diese Einrichtung in den 80er und 90er Jahren führend bei der Erforschung fahrerloser Fahrzeuge in Deutschland war, zeigt das große Interesse des Militärs an dieser Technologie. Auch in den USA war die Army an vielen frühen Forschungsprojekten maßgeblich beteiligt. Man träumte von Roboterpanzern und anderen Waffen, die kein direktes menschliches Eingreifen erforderten.

Bereits Anfang der 80er Jahre baute Dickmanns die ersten Roboterautos. Diese orientieren sich im Raum, indem sie Objekte in ihrer Umgebung erkennen und Vorhersagen über deren zukünftige Position treffen. Diese Integration des räumlich-zeitlichen Sehens wird auch als *sakkadisch* bezeichnet. Sie stellt eine Leistung des menschlichen Gehirns dar.

Im Wesentlichen versuchte Dickmanns, das menschliche Sehen und Erkennen zu simulieren. Er selbst nennt es „Pfadfindersehen" oder „4D-Modell" und sagt, dass er diesen Ansatz für die größte Leistung seiner langen Forscherkarriere hält.[1]

---

[1] Vgl. hierzu: Ernst D. Dickmanns: Dynamic Vision for Perception and Control of Motion, London, 2007.

Im Gegensatz dazu orientiert sich die heutige Automatisierung vornehmlich an Geodaten. Die Fahrzeuge werden per GPS gleichsam „an einer virtuellen Leine über die Straße gezogen". Er nennt dies „Bestätigungssehen": Das Fahrzeug gleicht seine Messdaten ständig mit den gespeicherten Informationen ab.

Aus seiner Sicht ist dies kein „echtes" autonomes Fahren, da das Fahrzeug hilflos ist, wenn es sich z. B. außerhalb seiner Kartierung befindet oder von den Geodaten abgeschnitten ist. Sein eigener Ansatz ermöglicht die Orientierung auch in völlig fremden und unbekannten Umgebungen. Aus seiner Sicht das aufwendigere, aber zukunftsträchtigere Modell.

Bereits Mitte der 80er Jahre wurde der Automobilhersteller Daimler auf Dickmanns' Forschung aufmerksam. Im Rahmen des europäischen EUREKA-Programms (Europäische Initiative für marktnahe Forschung und Entwicklung) entstand PROMETHEUS (Programm für ein europäisches Transportwesen von höchster Effizienz und unerreichter Sicherheit), das die weitere Geschichte der Fahrautomatisierung maßgeblich beeinflussen sollte.[2]

Prometheus startete 1986 und war auf acht Jahre angelegt. Der gleichnamige griechische Gott gilt als „Vordenker" und Begründer der menschlichen Zivilisation. Schon die Namensgebung zeigt die Bedeutung, die dem Projekt beigemessen wurde.

Bei Prometheus federführend waren Daimler und die Universität der Bundeswehr München. Ein weiteres Dutzend europäischer Firmen der Automobilindustrie

---

[2]Vgl. hierzu z. B. H. Zimmer: PROMETHEUS – Ein europäisches Forschungsprogramm zur Gestaltung des künftigen Straßenverkehrs. In: Forschungsgesellschaft für Straßen- und Verkehrswesen: Straßenverkehrstechnik. Band 34/1, 1990.

sowie zahlreiche Forschungs- und Hochschulinstitute waren beteiligt.

Interessanterweise war das Ziel dieses Projekts nie das autonome Fahren, im Gegenteil, es wurde mitunter explizit abgelehnt (!) Es ging um mehr Effizienz, Umweltverträglichkeit und Sicherheit. Dennoch sind die meisten der heute im Einsatz befindlichen Fahrassistenzsysteme aus diesem Forschungsprogramm hervorgegangen oder abgeleitet worden.

Gegenstand des Programms waren folgende Bereiche (Demonstratoren):[3]

- Sichtverbesserung
- Sichere Fahrzeugführung

  - Überwachung der Fahrstabilität
  - Unterstützung bei der Spurhaltung
  - Sichtweitenüberwachung
  - Überwachung des Fahrerzustandes

- Kollisionsvermeidung
- Kooperatives Fahren
- Autonome, intelligente Geschwindigkeits- und Abstandsregelung
- Automatischer Notruf
- Flottenmanagement
- Duale Zielführung
- Verkehrsinformationssysteme

Hinter diesen Demonstratoren verbergen sich 27 Einzelfunktionen, von denen 14 Eingang in die Serienproduktion fanden. Sechs weitere wurden später mit anderer Technik umgesetzt (z. B. im Bereich des

---

[3] Wikipedia: Prometheus – Forschungsprogramm.

maschinellen Sehens). Sieben Ansätze wurden wieder verworfen (z. B. blinkende Baken am Straßenrand, die vor Gefahren warnen sollten).

Sichtbarster Ausdruck des Programms war ein weißer Kastenwagen der Mercedes-Baureihe D500, der mit allerlei Technik vollgestopft mit 100 km/h weitgehend autonom über die Autobahn fuhr. Er kostete allerdings 200.000 DM und war nur als Technikdemonstrator gedacht.[4]

Im Jahre 1994 fuhren die „Roboterautos" des Prometheus-Programms über 1000 km auf öffentlichen mehrspurigen Autobahnen. Folgende Funktionen waren darin implementiert:

- Spur halten
- Im Konvoi fahren
- Automatisches Tracking anderer Fahrzeuge
- Automatischer Spurwechsel
- Autonomes Überholen

Wenn heute beklagt wird, die deutsche Industrie habe den Anschluss verloren und Forderungen nach einem neuen Prometheus laut werden, einem Prometheus 4.0, dann übersieht man, dass die deutsche Automobilindustrie bereits vor 30 Jahren weltweit führend auf diesem Gebiet war.

Es stellt sich die Frage, warum dieses erfolgreiche Programm nicht verlängert wurde. Die Antwort ist ebenso einfach wie ernüchternd. Die Automobilindustrie hatte **kein Interesse** an der Entwicklung wirklich autonomer Fahrzeuge. Man fürchtete, dass die großen Stärken der

---

[4] Die WELT, 13.10.2017.

deutschen Autokultur – Fahrspaß, Freiheit und Selbstverwirklichung – auf der Strecke bleiben würden.

Dies führte schließlich zum Zerwürfnis zwischen
Daimler und der Universität der Bundeswehr, die mit
Dickmanns einen weitergehenden Ansatz verfolgte.
Prometheus wurde als Erfolg verbucht und eingestellt bzw.
nicht weitergeführt.

Die deutsche Automobilindustrie hat die Entwicklung
zum autonomen Fahren also nicht **verschlafen,** wie gerne
behauptet wird. Sie hat sich ganz bewusst und aktiv
dagegen entschieden.

Doch damit war die Geschichte natürlich nicht zu
Ende. Die Initiative ergriff das US-amerikanische Militär.

Im Jahr 2004 fand zum ersten Mal die DARPA-Grand
Challenge statt (DARPA = Defense Advanced Research
Projects Agency). Dabei handelte es sich um eine Wett-
fahrt durch die Mohave-Wüste, für dessen Sieger ein
Preisgeld von einer Million Dollar ausgelobt wurde. Die
Strecke war 213 km lang. Das Ziel erreichte – keines der
Fahrzeuge!

Das wird im nächsten Jahr besser. 2005 kommen vier
Fahrzeuge ins Ziel. Sieger ist ein VW Tuareg der Stanford
University mit einer Durchschnittsgeschwindigkeit von 31
km/h. Doch natürlich fährt hinter jedem „autonomen"
Fahrzeug ein von Menschen gelenktes, um das Schlimmste
zu verhindern.

Aus der Grand Challenge wurde im Jahr 2007 die
Urban Challenge. Der Parcours führte durch eine eigens
für diesen Zweck errichtete simulierte Kleinstadt, die sehr
lebensecht wirkte. Allerdings gab es dort keine anderen
Verkehrsteilnehmer, keine Fußgänger und auch keine Verkehrsschilder. Die Fahrzeuge orientierten sich mit Hilfe
von Karten und GPS. Sie waren mit Radar, Laser und
allerlei Sensortechnik ausgestattet. Die Streckenlänge

betrug immerhin 100 km. Es gewann ein Team aus Pittsburgh (USA).

Da das Ziel der DARPA erreicht war, wurden keine weiteren Rennen durchgeführt. In Europa finden seit 2006 ähnliche Veranstaltungen unter dem Label ELROB (The European Land Robot Trail) statt.

Roadmap

Das autonome Fahren wird kommen, die Frage ist lediglich, wann das sein wird.

Um diese Frage zumindest annäherungsweise zu beantworten, muss eine Begriffsbestimmung vorangestellt werden.

Die Society of Automotive Engineers (SAE) hat im Jahre 2014 die Klassifizierung SAE J3016 veröffentlicht, um das automatisierte Fahren straßengebundener Fahrzeuge zu definicren.[1] Darin werden die Mindestanforderungen für die Automatisierungsstufen 0 bis 5 beschrieben. Dabei steht die unterste Stufe 0 für das Fahren durch einen menschlichen Fahrzeugführer, die Stufe 5 für das vollautonome Fahren ohne jegliche menschliche Unterstützung oder Überwachung.

---

[1] SAE International: Automated Driving. Levels of Driving Automation are defined in new SAE International standard J3016.

M. Lalli, *Autonomes Fahren und die Zukunft der Mobilität*, https://doi.org/10.1007/978-3-662-68124-4_3

Die Stufen werden auch Level genannt. Die Taxonomie wird heute weithin verwendet, um den Grad der Automatisierung eines Straßenfahrzeugs anzugeben. Wenn ich im Folgenden von autonomem Fahren spreche, meine ich IMMER die SAE-Automatisierungsstufe 5.

Stufen des automatisierten Fahrens (Automatisierungsgrad):

- Stufe 0: Driver only. Es sind keine Unterstützungssysteme aktiv; der Fahrer führt das Fahrzeug allein.
- Stufe 1: Assistiert. Assistenzfunktionen sind wirksam; der Fahrer führt das Fahrzeug weiterhin allein.
- Stufe 2: Teilautomatisiert. Das System übernimmt einige Fahrfunktionen; der Fahrer überwacht das System.
- Stufe 3: Hochautomatisiert. Das System übernimmt zahlreiche Fahrfunktionen; diese müssen durch den Fahrer nicht überwacht werden.
- Stufe 4: Vollautomatisiert. Das System übernimmt alle Fahrfunktionen; es ist kein Fahrer erforderlich.
- Stufe 5: Fahrerlos. Das System fährt vollständig ohne Fahrer und menschliche Überwachung.

Dabei ist zu beachten, dass die technische Ausstattung eines Fahrzeugs noch nichts darüber aussagt, ob diese dann im Straßenverkehr auch tatsächlich eingesetzt werden darf. Ob und wo teilautonome Fahrsysteme genutzt werden können, entscheiden die Regulierungsbehörden. Dies kann von Land zu Land, in den USA sogar von Bundesstaat zu Bundesstaat unterschiedlich sein.

Aktuell, Mitte 2023, stehen wir am Beginn der Stufe 3. Die folgenden Fahrzeuge und Modelle sind führend, was das autonome Fahren auf dieser Automatisierungsstufe angeht:

- Mercedes stattet seit April 2022 seine S-Klasse und den EQS optional mit dem Drive Pilot aus, der gegenwärtig als das ausgereifteste Level 3-System gilt.[2] Damit ist Mercedes der erste Hersteller weltweit, der diese Automatisierungsstufe erreicht hat. Der Drive Pilot wurde inzwischen in Deutschland und im US-Bundesstaat Nevada von den Regulierungsbehörden für den öffentlichen Straßenverkehr zugelassen. Derzeit darf er auf Autobahnen und anderen gut ausgebauten Straßen eingesetzt werden, solange eine Höchstgeschwindigkeit von 60 km/h nicht überschritten wird. Während dieser Zeit darf der Fahrer beispielsweise einen Film anschauen. Er muss jedoch bereit sein, gegebenenfalls einzugreifen und die Steuerung des Fahrzeugs von der Automatik zu übernehmen.

- Tesla bietet in den USA und in einigen anderen Ländern das Ausstattungspaket Full Self-Driving (FSD) an (deutsch auch Autopilot). Es umfasst Funktionen wie Spurhalten, Spurwechsel, Abstandhalten, automatisches Ein- und Ausparken sowie das Erkennen von Verkehrsschildern und Ampeln. Ob es sich dabei um ein echtes Level 3-System handelt, ist umstritten. Elon Musk hat immer wieder angekündigt zu einem bestimmten Zeitpunkt durch ein Software-Update volle Level 5-Funktionalität zur Verfügung stellen zu können. Diese Termine sind jedoch immer wieder verstrichen und in eine fernere Zukunft verschoben worden.

- Andere medienwirksam eingeführte Systeme wie der Audi *Traffic Jam Pilot* (2019), der General Motors *Super Cruise* (2021), der Honda *Sensitive* (2021) oder der Ford *Active Drive Assist* (2021) sind eher bessere Stufe

---

[2] Auto motor und sport vom 29.01.2023.

2-Systeme als vollwertige Vertreter der neuen Stufe 3-Generation. Um sie ist es inzwischen ruhig geworden. Für die zweite Jahreshälfte 2023 sind Verbesserungen angekündigt worden (z. B. das *Ultra Cruise* für den Cadillac Celestiq). Was sie bringen werden, muss die Zukunft zeigen.

Zum gegenwärtigen Zeitpunkt ist die neue S-Klasse von Mercedes das Auto mit den umfassendsten autonomen Fahrfunktionen. Es wird als erstes Fahrzeug der Stufe 3 bezeichnet.[3] Der *Drive Pilot* (vormals *Intelligent Drive Next Level*) umfasst folgende Elemente: Aktiver Abstands-Assistent, Aktiver Spurwechsel-Assistent, Aktiver Geschwindigkeitslimit-Assistent, Assistent zum Staufolgefahren, Aktiver Nothalt-Assistent, Aktiver Brems-Assistent, Ausweich-Lenk-Assistent, Aktiver Spurhalte- und Totwinkel-Assistent, Verkehrszeichen-Assistent, Remote Park-Assistent, um nur die wichtigsten zu nennen.

Michael Haffner, Leiter ‚Automatisiertes Fahren und Aktive Sicherheit' bei Mercedes-Benz sagt: „Wir nähern uns dem Ziel des automatisierten Fahrens (…) schneller, als viele vermuten."[4] Das mag zutreffen, und doch ist automatisiertes Fahren noch lange kein autonomes Fahren.

Die neue S-Klasse hatte Gelegenheit, ihre Qualitäten im Rahmen eines Pilotprojekts in Kalifornien unter Beweis zu stellen. Dort pendelte sie zwischen West San José und dem Stadtzentrum entlang der Hauptverkehrsader San Carlos Street/Stevens Creek Boulevard. Der App-basierte Service stand einem ausgewählten Nutzerkreis zur Verfügung. Ein ‚Sicherheitsfahrer' war natürlich immer mit an Bord.

---

[3] Magazin für Autonome Autos, Vernetzung, Robotik und Künstliche Intelligenz vom 12.10.2018.

[4] https://www.daimler.com/innovation/case/autonomous/interview-hafner.html

Und es war kein Serienfahrzeug, sondern vollgestopft mit zusätzlichen Sensoren und Steuergeräten von Bosch.[5]

Ich gehe davon aus, dass die Automatisierungsstufe 4 Mitte der 2020er Jahre erreicht werden wird. Die Stufe 5 wäre dann um 2030 zu erwarten. Bis zum wirklich autonomen Fahren sind es also noch 5 bis 10 Jahre. Vor 5 Jahren hatte ich einem Zeitraum von 10 bis 15 Jahre genannt, um das autonome Fahren nach Stufe 5 zu erreichen. Wir liegen also im Plan, und das ist erstaunlich in einem Bereich, der so stark von Innovationen und Technologietrends abhängt. Die genaue Zahl der Jahre ist aber für unsere weiteren Überlegungen nicht entscheidend.

Es gibt derzeit keine Serienfahrzeuge auf dem Automobilmarkt, die SAE-Level 4 vollständig umsetzen. Es sei daran erinnert, dass solche Fahrzeuge bereits vollständig autonom fahren. Dennoch muss ein Mensch an Bord sein, um im unwahrscheinlichen Fall einer Störung die Kontrolle zu übernehmen. Möglicherweise ist es nicht erforderlich, dass sich ein Mensch selbst im Fahrzeug befindet. Eine Leitwarte, die das Fahrzeug im Zweifelsfall per Fernsteuerung übernimmt, kann ausreichen. Entsprechende Ansätze gibt es bereits. Technisch gesehen ist Stufe 4 schon nahe an der Stufe 5. Und doch ist autonomes Fahren ohne jegliche menschliche Unterstützung und Kontrolle ein weiterer gewaltiger Sprung. Jemand hat einmal gesagt, es sei relativ einfach 99 Prozent aller Verkehrssituationen zu beherrschen. Aber der Teufel steckt im Detail, in dem einen restlichen Prozent.

Einige Automobilhersteller und Technologieunternehmen arbeiten gegenwärtig intensiv an der Entwicklung von Fahrzeugen der Stufe 4. Interessant sind die dies-

---

[5] https://emobilitaetblog.de/s-klasse-2019-autonom-in-san-jose/

bezüglichen Feldversuche, die zum Teil seit mehreren Jahren laufen. Zu nennen sind hier vor allem:

- Waymo (Tochtergesellschaft von Alphabet) führt die Arbeiten des Mutterkonzern am *Google Driverless Car* fort. Seit 2017 finden Feldversuche in Phoenix (Arizona) statt. Später kam San Francisco (Kalifornien) hinzu. Zum Einsatz kommen Chrysler Pacifica mit Hybridantrieb. Mittlerweile sollen die Waymo-Fahrzeuge mehrere zehn Millionen Meilen zurückgelegt haben. Im März 2023 wurde der Umstieg auf eine Flotte von vollelektrischen Jaguar I-Pace angekündigt. Später sollen diese durch eigens für Waymo entwickelte Fahrzeuge abgelöst werden. Zu erwähnen ist, dass die bisherigen Wagen keine Serienfahrzeuge sind, sondern jeweils für einen sechsstelligen Betrag aufgerüstet wurden. Zudem stellt die Stadt Phoenix klimatisch und verkehrstechnisch keine sehr hohen Anforderungen an vollautonome Fahrzeuge.
- Cruise Automation ist eine Tochtergesellschaft von General Motors. Das Unternehmen erhielt bereits früh die Genehmigung für einen Testbetrieb mit autonomen Fahrzeugen in San Francisco. Dieser war zunächst auf die Nachtstunden und bestimmte Stadtteile beschränkt. Eingesetzt wird das Modell Bolt von Chevrolet. Derzeit wird über zahlreiche Zwischenfälle mit diesen Fahrzeugen in der Stadt berichtet. Dabei handelt es sich nicht um schwere Unfälle, sondern eher um die Behinderung von Einsatzkräften.[6]
- Zoox wurde 2014 gegründet und 2020 von Amazon übernommen. Im Gegensatz zu anderen Anbietern, die auf verfügbare Fahrzeugmodelle zurückgreifen, verfolgt

---

[6] Auto motor und sport vom 11. Mai 2023.

das Unternehmen einen ganzheitlichen Ansatz und entwickelt seine Fahrzeuge selbst. Sie sind kompromisslos auf Level 5 ausgerichtet und haben weder Pedale noch Lenkrad. Derzeit verkehren sie auf einer kurzen Strecke zwischen zwei Amazon-Gebäuden in Foster City, Kalifornien (dem Hauptsitz des Unternehmens) und befördern Mitarbeiter der Firma. Eine Einführung in den öffentlichen Verkehr ist für die nahe Zukunft angekündigt.[7]

- Baidu, wie Google der Betreiber einer Suchmaschine, gilt auch beim autonomen Fahren als führend. Bereits vor zehn Jahren begannen die Chinesen mit der Entwicklung eines selbstfahrenden Autos. Gemeinsam mit dem Autohersteller Geely, an dem auch Mercedes beteiligt ist, wurde das Start-up Jidu Auto gegründet. In aktuellen Feldversuchen ist das neu entwickelte Fahrzeug Robo-01 Lunar Edition mit dem Dienst Apollo Go in Wuhan und Chongqing unterwegs. Es ist in China für den fahrerlosen Betrieb zugelassen. Die ehrgeizigen Pläne sehen vor, dass ein Nachfolgemodell bereits 2024 in Serie gehen soll.

- Aptiv (ehemals Delphi Automotive) hat zusammen mit Hyundai das Unternehmen Motional gegründet, das einen Fahrdienst mit autonomen Fahrzeugen auf der Basis des IONIQ 5 anbietet. Partner ist der Mobilitätsdienstleister Uber. Gestartet wurde Ende 2022 in Las Vegas. Los Angeles soll folgen.

- Nuro hat 2020 vom US-Verkehrsministerium die Genehmigung erhalten, mit seinem selbst entwickelten autonomen R2 Waren auszuliefern. Das elektrisch angetriebene Fahrzeug ist kurz, schmal und leicht und erreicht eine Höchstgeschwindigkeit von 40 km/h.

---

[7] FAZ vom 14.02.2023.

Erste Tests finden derzeit in Scottsdale (Arizona) und Houston (Texas) statt. Besonderes Merkmal des Fahrzeugs: Es verfügt über einen Außenairbag an der Fahrzeugfront zum Schutz von Fußgängern.

Diese Aufstellung ist sicher nicht vollständig. Es werden immer neue Feldversuche und Pilotprojekte angekündigt. Andere, wie ARGO AI von Ford und Volkswagen, sang- und klanglos eingestellt. Dennoch gewinnt man den Eindruck, dass die Entwicklung rasant voranschreitet. Denn längst sind nicht mehr nur Level 4-Fahrzeuge auf öffentlichen Straßen unterwegs. Viele haben noch einen Sicherheitsfahrer an Bord, andere verkehren bereits ohne. Level 5 steht also vor der Tür. Der Weg dorthin ist vielleicht kürzer als gedacht.

In dieser Abhandlung gehe ich davon aus, dass vollautonomes Fahren (und damit meine ich **immer** das fahrerlose Fahren im Sinne der Stufe 5) irgendwann in den nächsten Jahren Realität geworden ist. Ich werde diesen Gedanken im Folgenden zu Ende denken und die Konsequenzen für die verschiedenen Verkehrsträger und für die davon abhängenden Industrien und Unternehmen aufzeigen. Einige Konsequenzen mögen trivial sein, andere sind unerwartet, ja, geradezu revolutionär. Auf jeden Fall wird das autonome Fahren unser aller Leben verändern.

Autonomes Fahren

Automobile gibt es seit 120 Jahren. Davor gab es Fuhr-
werke, die von Tieren gezogen wurden. Diese Art der
Fortbewegung ist vermutlich mehrere tausend Jahre alt.
Seit den 1980er Jahren haben sich nicht nur ökologische
Fundamentalisten, sondern auch viele ernst zu nehmende
Verkehrsplaner gefragt, ob das Automobil nicht als Aus-
laufmodell anzusehen sei. Zu hoch schienen die Kosten:
Verbrauch fossiler Brennstoffe, Umweltverschmutzung,
Flächenverbrauch, Tote und Verletzte, zunehmende Staus
und Mobilitätseinschränkungen in den Städten. Ganz zu
schweigen von den immensen Kosten sowohl für Nutzer
und Infrastruktur.

Vor allem in den Metropolen gerät das Auto derzeit
zunehmend unter Druck. In Zukunft soll mehr gelaufen
und Rad gefahren werden, ein dichtes Bus- und Bahnnetz
soll den Umstieg auf den ÖPNV erleichtern, und neue
Verkehrsträger sollen die bestehenden ergänzen. Dabei

© Der/die Herausgeber bzw. der/die Autor(en), exklusiv lizenziert
durch Springer-Verlag GmbH, DE, ein Teil von Springer Nature
2023
M. Lalli, *Autonomes Fahren und die Zukunft der Mobilität*,
https://doi.org/10.1007/978-3-662-68124-4_4

wird nicht nur an die altbekannten Rollbänder gedacht, sondern auch an ganz neue Massenbeförderungsmittel wie Seil- oder Hochbahnen.

Das alles ist sicher nicht ganz falsch, und viele Ansätze sind bereits in zahlreichen Großstädten rund um den Globus zu sehen. Und doch wird das autonome Fahren – und das ist meine zentrale These – die Position des klassischen Automobils stärken. Wir werden gleich sehen, warum.

Individueller Besitz vs. Mobility-as-a-Service: Das selbst gefahrene Auto ist heute weitgehend an dessen individuellen Besitz gebunden. Carsharing-Modelle werden zwar immer beliebter, doch führt dies nicht dazu, dass diese Form des gemeinsamen Besitzes quantitativ ins Gewicht fällt. Es bleibt eine, wenn auch große Nische. Welche Perspektiven Carsharing in einer Welt autonomer Fahrzeuge noch hat, wird weiter unten diskutiert.

Stellen wir uns am Anfang der folgenden Überlegungen zunächst einmal die Frage, welche Vorteile es hat, ein Auto zu besitzen. Es ist die gleiche Frage, die sich ein Autofahrer stellt, der in Erwägung zieht, auf ein Carsharing-Modell umzusteigen.

An erster Stelle steht die *Verfügbarkeit*. Mit der Einschränkung, dass es im gleichen Haushalt mitunter mehrere Nutzer für dasselbe Fahrzeug gibt, steht das Auto immer vor der Tür (oder in der Garage). Wenn ich es benutze, wartet es dort auf mich, wo ich es hingestellt habe: vor dem Büro, dem Haus meiner Großtante, dem Geschäft, im Parkhaus usw.

Diese ständige Verfügbarkeit ist natürlich mit zusätzlichen Kosten verbunden. Ich brauche einen Stellplatz, muss einen Parkplatz suchen oder im Parkhaus bezahlen. Hinzu kommen zusätzliche Wege, da das Auto nicht immer genau dort abgestellt werden kann, wo ich es voraussichtlich brauche. Außerdem bewegt sich das Auto ja nicht von allein fort. Ich muss also genau dorthin wieder zurück, wo ich es zuletzt abgestellt habe.

Welche weiteren Vorteile bietet ein eigenes Auto? Bei sehr häufiger Nutzung ist das eigene Auto billiger als ein gemietetes oder geshartes Fahrzeug. Ein sicherlich wichtiges Argument für Vielfahrer. Außerdem kann ich es individualisieren, eine Wasserflasche deponieren, Sonnencreme ins Handschuhfach legen oder einen Duftbaum an den Innenspiegel hängen. Sieht man von weiteren psychologischen Faktoren wie Bindung und Identifikation einmal ab, sind die Vorteile des individuellen Besitzes an einem Automobil erstaunlich gering. Die ständige Verfügbarkeit ist das wichtigste Argument (und die größte Hemmschwelle für die Teilnahme an Carsharing-Angeboten).

Doch natürlich gibt es noch weitere Nutzergruppen, die ein großes Interesse an ein personalisiertes Fahrzeug haben. Zwei davon sind Familien mit Kindern und Hundehalter. Beide sind keine Randgruppen. In Deutschland leben gut 5 Mio. Familien mit Kindern unter 14 Jahren. Bei knapp 10 Mio. Hunden kann man davon ausgehen, dass etwa 16 Mio. Deutsche einen Hund besitzen, das sind etwa 20 % der Bevölkerung. Beide Gruppen brauchen einiges Zubehör, das sie am liebsten stets im Auto mit sich führen. Neben Gegenständen, die das Leben mit Kindern oder Hunden erleichtern, sind dies vor allem Kindersitze und Hundeboxen. Diese sind mehr oder weniger fest im Fahrzeug installiert und können nur mit einigem Aufwand auf ein anderes Fahrzeug übertragen werden. Dies erschwert sowohl den Umstieg auf Carsharing-Fahrzeuge und stellt auch für autonome Mobilitätsdienste ein Problem dar.

Versetzen wir uns jetzt in eine Welt, in der Autos (und andere straßengebundene Verkehrsmittel) autonom fahren. Dabei wird oft übersehen, dass diese Fahrzeuge nicht nur Menschen und Güter chauffieren können, sie können auch ohne Insassen, also **leer,** fahren. Und hier kommt der entscheidende Unterschied zwischen den Autonomiestufen 4 und 5 zum Tragen. Erst auf der 5. Stufe kann sich ein Fahrzeug ohne Insassen und ohne menschliche Aufsicht frei im Straßenverkehr bewegen.

Diese Tatsache hat erstaunliche Implikationen. So kann ich mir ein Auto zu einer bestimmten Uhrzeit nach Hause bestellen oder ins Büro, in die Innenstadt oder wo auch immer ich eines brauche. Wichtiger noch, es gibt keinen zwingenden Grund, dieses Auto über die eigentliche Nutzung hinaus für mich zu reservieren. Wenn ich aussteige, gebe ich es frei. Es kann zum nächsten Kunden rollen oder irgendwo auf einen solchen warten. Wenn ich Minuten oder Stunden später ein neues Fahrzeug brauche, genügt es, dieses über eine App auf meinem Smartphone (oder dem Kommunikator der Zukunft) anzufordern. Für diesen Vorgang gibt es inzwischen viele Bezeichnungen. Wir fassen diese Dienste unter dem Oberbegriff *Mobility as a Service* (MAAS) zusammen.[1]

Mehr noch, Autos werden auf den Straßen patrouillieren, während sie auf neue Aufträge warten. Intelligente Algorithmen werden sie dorthin führen, wo ein hohes Kundenaufkommen absehbar ist. Dann genügt wie in guten alten Zeiten das Heben eines Arms, damit ein Fahrzeug hält. Es wird ein bisschen wie in Manhattan sein, nur dass kein orangefarbenes Taxi mit Fahrer heranrollen wird.

Das bedeutet konkret, dass man jederzeit aus- und einsteigen kann. Man läuft auf der Straße und entscheidet

---

[1] Herrmann, Andreas & Jungwirth, Johann (2022): Inventing mobility for all. Mastering mobility-as-a-service ith self-driving vehicles. Emerald Publishing.

nach Lust und Laune (und Eile) spontan, ob man ein autonomes Fahrzeug nutzen möchte.

Dies sind nur einige von vielen Gründen, warum der individuelle Besitz von Fahrzeugen in Zukunft immer unattraktiver werden wird. Ausnahmen wird es zwar geben, denn vielleicht möchte jemand einen bestimmten Oldtimer pflegen oder einen individuell ausgestatteten Campingwagen nutzen. Es gibt sicher auch andere gute Gründe, ein Auto besitzen zu wollen. Denken wir an unsere beiden großen „Randgruppen", die Familien mit Kindern und die Hundebesitzer. Aber auch für sie gibt es Lösungen. So gibt es Kindersitze, die mit wenigen Handgriffen ein- und ausgebaut werden können, und für Hunde gibt es spezielle Einsätze für den Sicherheitsgurt. Ich sage also voraus, dass der individuelle Besitz an selbstfahrende Fahrzeuge die Ausnahme sein wird.

An erster Stelle ist hier die *Flexibilität* zu nennen.

Schon heute werben einige Automobilhersteller mit der Möglichkeit, sein gekauftes oder geleastes Fahrzeug zeitweise gegen ein anderes austauschen. So könne man sich am Wochenende ein Cabrio zulegen oder für den Umzug einen kleinen Transporter. Der Händler hält einen Pool von Fahrzeugen bereit, aus dem man sich bedienen kann.

Aber wie viel flexibler wäre man, wenn man jederzeit neu wählen könnte, wenn man an keine Marke oder Karosserieform gebunden wäre, wenn man sogar über das Grundkonzept der Mobilität selbst immer wieder neu entscheiden könnte?

Man bestellt also ein Cabrio für den Wochenendausflug, einen Transporter, um zu Ikea zu fahren, ein zweisitziges Stadtauto für die City, einen Van, um mit Freunden zum Fußballspiel zu kommen. Der Fantasie sind keine Grenzen gesetzt. Die Grenze ist natürlich das Geld, das man dafür ausgeben kann oder will. Denn jeder Meter Mobilität wird etwas kosten.

So wie heute die Preise für Mietwagen nach Ausstattung, Größe und Modell gestaffelt sind, wird es auch in Zukunft eine Vielzahl von Angeboten geben. Es wird luxuriöse und bescheidene Fahrzeuge geben, große und kleine, schnelle und langsame. Es wird teurer, zur Rush Hour zu fahren, so wie vielbefahrene Strecken einen Aufpreis kosten werden. Aber es wird auch Sonderangebote geben, Mengenrabatte und Kundenbindungsprogramme.

Natürlich sind auch in Zukunft alle Ressourcen begrenzt. Wenn die Sonne scheint und alle am Wochenende Cabrio fahren wollen, werden die Cabrios teurer sein, als wenn es unter der Woche regnet. Teurer deshalb, weil es schlicht nicht genug davon gibt. Es macht keinen Sinn, eine zu große Anzahl davon bereitzustellen, weil sie die meiste Zeit des Jahres nicht genutzt werden.

Aber auch die viel beschworene Multimodalität der Fortbewegung lässt sich mit autonomen Ruftaxen besser einlösen. Ich kann eine Strecke zu Fuß gehen oder mit der Straßenbahn fahren, die andere dann mit dem Auto. Oder ich kann verschiedene Streckenabschnitte mit unterschiedlichen Verkehrsmitteln zurücklegen. Das selbstfahrende Auto ist nur eine von mehreren Möglichkeiten, mich fortzubewegen. Wenn es mir nicht gehört, wenn ich es nach Belieben herbeirufen und wieder wegschicken kann, dann kann ich mich jederzeit neu für ein Verkehrsmittel entscheiden.

Neben den unbestreitbaren Vorteilen der Flexibilität gibt es aber noch etwas, was die Zukunft des autonomen Fahrens bringen wird: **Ohne individuelle Autos gibt es keine individuellen Parkplätze.**

Vor vielen Jahren kursierte ein Witz, in dem sich die Führer des Westens und des Ostens, Ronald Reagan und Leonid Breschnew, über die Errungenschaften ihrer jeweiligen Systeme unterhalten. Reagan sagt voller Stolz, der Westen habe mehr Automobile, worauf Breschnew kontert, dafür gebe es im Osten mehr Parkplätze.

Wir haben ein wenig das Gefühl dafür verloren, welche Kosten das Abstellen von Fahrzeugen verursacht. Und damit sind nicht nur die Parkgebühren gemeint, ohne die es in kaum einer Innenstadt mehr geht.

Die in Deutschland zugelassenen 48,5 Mio. Pkw[2] benötigen mindestens ebenso viele Parkgelegenheiten. Tatsächlich sind es deutlich mehr. Aber selbst wenn wir nur von 50 Mio. Parkplätzen und Garagen ausgehen, kommen wir auf mindestens 500 Mio. m[2], die mit Autos vollgestellt sind. Das sind stolze 500 Quadratkilometer! Umgerechnet 1,5 Promille der Landesfläche. Das ist nur eine grobe Schätzung, denn es gibt ja auch Parkhäuser und Tiefgaragen, zeigt aber das Ausmaß des Problems, eines Problems, mit dem wir uns tagtäglich und überall konfrontiert sehen.[3]

Schaut man sich alte Filme an, fällt als erstes auf, dass die Städte früher anders aussahen. Das betrifft weniger die Straßen, sondern die endlosen Reihen Blechs, die sie säumen und den Blick auf Häuser, Bäume und Fußgänger verstellen. Unsere Städte und Ortschaften sind zu riesigen Parkplätzen verkommen. Und wir haben uns nach und nach damit abgefunden.

Hinzu kommen noch zahlreiche öffentliche Parkhäuser, ganze Parkhausstädte an Flughäfen und Bahnhöfen, auf dem Gelände großer Unternehmen und Bildungseinrichtungen.

Jedes Gewerbe muss Parkmöglichkeiten nachweisen, jeder Neubau mit Tiefgaragen ausgestattet sein, jedes

---

[2] Kraftfahrtbundesamt: Zahlen zum 01.01.2022.

[3] Der Bundesverband Parken e. V. schätzt die Anzahl der privaten und öffentlichen Parkplätze auf etwa 40 Mio. (Stand 2018). Darin sind die Abstellmöglichkeiten auf öffentlichen Straßen NICHT enthalten.

Privathaus mit einer Garage oder am besten gleich mehreren davon. Eine enorme Verschwendung von Fläche, Geld und Lebensqualität.

Wenn sich Menschen heute über abgestellte Elektroroller aufregen und die tausendfach größere Beanspruchung des städtischen Raumes durch parkende Autos billigen oder gar übersehen, so zeigt das zweierlei.

Zum einen sind die meisten Menschen selbst Autofahrer und damit Nutznießer dieses Systems. Nicht zuletzt deshalb ist es so schwierig, hier Veränderungen durchzusetzen. Jeder Politiker, jede Partei hat potenziell seine eigenen Anhänger gegen sich.[4]

Zum anderen hat über die Jahrzehnte eine Gewöhnung stattgefunden. Geparkte Auto gibt es seit mehr als hundert Jahren. Erst waren es einzelne, dann mehrere, heute ist in den Städten jeder Meter Straße zugestellt. Kaum vorstellbar, dass eine solche Entwicklung, hätte sie auf einen Schlag stattgefunden, von den Menschen hingenommen worden wäre.

Aber nicht nur unsere Sehgewohnheiten haben sich geändert, sondern auch unser Verhalten. Wir quetschen uns als Fußgänger an widerrechtlich auf dem Gehweg abgestellten Autos vorbei (übrigens verstößt

---

[4] Gegenwärtig ist in vielen Städten der Kampf gegen das Gehwegparken in vollem Gange. Dabei geht es lediglich darum, geltendes Recht durchzusetzen. Das Parken auf dem Bürgersteig wird in der StVO nur unter bestimmten Voraussetzungen erlaubt (Schilder, Markierungen etc.). Dennoch wird die Umsetzung in jeder Straße, in jedem Straßenabschnitt von den Anwohnern erbittert bekämpft. Bisher war und ist es Usus, dieses „wilde" Parken zu dulden. Es musste lediglich eine Mindestdurchgangsbreite (z. B. 1,20 m) eingehalten werden. Doch selbst dieses Minimum für Kinderwagen, Rollstühle etc. ist oft nicht gegeben. Fußgänger müssen auf die Fahrbahn ausweichen und setzen sich Gefahren aus. Hier ist ein Gewohnheitsrecht entstanden, das erbittert verteidigt wird. Es wird Jahre dauern, um diese Form der Aneignung öffentlichen Raums durch das Auto zurückzudrängen. Und natürlich wird das die grundsätzliche Problematik nicht entscheidend verändern, sondern nur abschmildern.

jedes auf dem Bürgersteig abgestellte Auto gegen die Straßenverkehrsordnung, wenn es dort nicht ausdrücklich erlaubt wird), weichen auf die Straße aus und begeben uns damit leichtfertig in Gefahr.

Der Autobesitzer glaubt, ein Grundrecht darauf zu haben, sein Auto an jeder beliebigen Stelle im Verkehrsraum abzustellen. Als die ersten Parkhäuser in den Innenstädten eröffneten und das freie Parken mehr und mehr eingeschränkt wurde, gab es vielerorts einen Aufschrei der Empörung. Von Willkür und Abzocke war die Rede. Es hat Jahrzehnte gedauert, bis die Autofahrer akzeptiert haben (daran gewöhnt wurden), dass, will man mit dem Auto in die City, ein Parkhaus das zwangsläufige Ziel ist.

Ein geparkter Pkw beansprucht durchschnittlich 12 m² öffentlichen Raum. Diese Fläche wird von einer Privatperson weitgehend kostenlos oder gegen ein geringes Entgelt für private Zwecke genutzt. Vor allem Anwohner nehmen dieses Recht in Anspruch und zahlen dafür, wenn überhaupt, nur einen geringen Betrag (meist im einstelligen Eurobereich pro Monat). Will man dagegen sein Auto in einer Garage, einem Parkhaus oder auf einem privaten Gelände abstellen, fällt nicht selten das Zigfache dieses Betrages an.

Glücklicherweise setzt auch hier ein Umdenken ein. Zaghaft und unter lautem Protest werden die Parkgebühren für Anwohner erhöht. Ziel sollte aus meiner Sicht sein, zu Preisen zu kommen, die mit denen privater Stellplatzvermieter vergleichbar sind. Diese liegen bei uns je nach Lage und Bebauungsdichte zwischen 50 und 130 EUR pro Monat. Es ist nicht verwunderlich, dass Städte wie London, New York City und Sydney derzeit Gebühren erheben, die im vierstelligen Bereich pro Jahr zu den höchsten der Welt gehören. Aber auch in Skandinavien, zum Beispiel in Stockholm, bezahlt ein Anwohner nicht selten um die 80 EUR im Monat für das

Parken auf der Straße. Davon sind wir noch weit entfernt, und doch werden wir ebenfalls dahin kommen müssen, wollen wir das Zuparken unserer Städte begrenzen.

Warum spielen wir mit? Warum lassen sich die Kommunen das gefallen? Die Antwort habe ich bereits gegeben. Die meisten von uns profitieren selbst davon. Und wir haben uns daran gewöhnt.

Jetzt werden Sie vermutlich fragen, was das alles mit dem autonomen Fahren und der Zukunft der Mobilität zu tun hat. Dazu kommen wir im folgenden Abschnitt.

Konsequenzen für den Fahrzeugbestand:
Eine weitere Kernthese dieses Aufsatzes lautet, dass in Zukunft deutlich weniger Fahrzeuge benötigt werden als heute.

Legt man die durchschnittliche Fahrleistung eines Pkw in Deutschland von knapp 13.300 km[5] im Jahr und eine Durchschnittsgeschwindigkeit von 50 km pro Stunde zugrunde, dann wird jedes Auto etwa 280 h im Jahr bewegt. Man kann also behaupten, dass ein Auto nur etwa eine Stunde am Tag auf den Straßen unterwegs ist.

Selbst wenn man berücksichtigt, dass es Zeiten gibt, in denen viele Menschen Auto fahren und Zeiten (zum Beispiel nachts), in denen kaum jemand mobil sein muss, lässt sich leicht hochrechnen, dass keine 48 Mio. Autos notwendig sind, um alle individuellen Mobilitätsbedürfnisse in Deutschland zu befriedigen.

Wie viele es letztlich sein werden, ist ungewiss. Es hängt zum Teil davon ab, ob größere Fahrzeuge wie Transporter und Busse eingesetzt werden. Aber auch alternative Ver-

---

[5] Zahlen des Kraftfahrtbundesamtes für 2020. Diese Zahl sinkt seit einigen Jahren leicht, aber kontinuierlich. Nach den Zahlen unserer eigenen Umfragen liegt die durchschnittliche Fahrleistung bei etwa 12.500 km/Jahr (Selbstauskunft der Probanden).

kehrsmittel wie das Fahrrad werden eine Rolle spielen. Wenn ich eine Zahl nennen müsste, würde ich schätzen, dass man mit etwa 20 % der heutigen Fahrzeuge auskommt. Das wären zwischen neun und zehn Millionen. Diese Schätzung beruht, wie gesagt, auf der Annahme einer gleichbleibenden, in Personenkilometern gemessenen Verkehrsleistung.

Daraus lässt sich leicht ableiten, dass die Straßen mitnichten leerer werden. Aber man wird sie besser nutzen können. Autonomes Fahren wird einen dichten, gestaffelten Verkehr erlauben und Staus weitestgehend verhindern. Durch flexible Preissysteme wird man die Spitzenverkehrszeiten entzerren und die vorhandene Infrastruktur besser nutzen.

So wird beispielsweise eine Fahrt von Mannheim nach München vormittags ein Mehrfaches dessen kosten, was man für sie in den frühen Morgenstunden oder am späten Abend bezahlen müsste. Diese Argumente sind aus der Diskussion um die flexible Straßenmaut bekannt und behalten ihre Gültigkeit, zumal die Straßennutzungskosten voraussichtlich auch in die Fahrzeugmiete einfließen werden.

Bedenken muss man allerdings, dass autonome Autos auch leer fahren werden. Dies ist ja einer ihrer unbestreitbaren Vorteile. Wir hoch der Anteil der Leerfahrten sein wird, lässt sich gegenwärtig nur schwer abschätzen. Selbst bei gleichbleibender Mobilität muss daher davon ausgegangen werden, dass der Straßenverkehr insgesamt zunehmen wird. Die Annahme, dass autonome Fahrzeuge zu weniger Verkehr führen, ist also ein Trugschluss. Auf die Ergebnisse entsprechender Simulationsstudien gehe ich weiter unten ein.

Da eine Zunahme des Verkehrs in den Städten schlicht inakzeptabel erscheint, wird das autonome Fahren allein nicht ausreichen, um alle unsere Verkehrsprobleme zu lösen. Im Gegenteil, es wird diese noch verschärfen, wenn keine zusätzlichen Maßnahmen ergriffen werden.[6]

Die Straßen werden also nicht leerer werden, aber man wird sie gleichmäßiger befahren (was nicht nur von Vorteil ist – Beispiel Lärmbelastung). Aber natürlich werden nicht alle neun oder zehn Millionen Autos immer gleichzeitig unterwegs sein. Man wird also auch für diese Fahrzeuge einen Stellplatz brauchen.

Zum einen betrifft das Problem dann aber nur noch 20 % des heutigen Fahrzeugbestandes (s. o.), zum anderen werden diese Stellflächen nicht vor unsere Haustür sein. Das wäre schon preislich wenig attraktiv.

Die Betreiber dieser neuen Flotten autonomer Fahrzeuge (dazu später mehr) werden ihre Fahrzeuge an strategisch sinnvollen Punkten platzieren. In den Städten wird es dafür ausgewiesene Flächen geben, ähnlich wie den heutigen Taxiständen. Die meisten Fahrzeuge wird man aber auf großen Parkplätzen in den Randlagen der Ballungszentren zwischenparken. Dort wird es Wartungseinrichtungen und Waschanlagen geben. Denn vor allem in den Nachtstunden wird es sich lohnen, die Fahrzeuge vorübergehend ganz aus dem Verkehr zu ziehen. Und man wird sie dort auch aufladen, denn natürlich werden die autonomen Fahrzeuge aller Voraussicht nach ebenfalls über vollelektrische Antriebe verfügen.[7]

---

[6] Es könnte sogar sein, dass die Anzahl autonomer Fahrzeuge in den Städten reguliert (begrenzt) werden muss, falls diese zu einer nicht akzeptablen Zunahme des Verkehrs führen.

[7] In Zukunft werden nicht, wie heute angenommen, Millionen von dezentralen Ladepunkten benötigt. An ihre Stelle werden durch deutlich weniger, dafür aber wesentlich größere Ladezentren treten. Dies hat auch Vorteile für die Energieversorger, da sie die zusätzlich notwendige Infrastruktur auf weniger Zentren konzentrieren können.

Die Verringerung der Gesamtzahl aller am Verkehr teilnehmenden Fahrzeuge klingt zunächst wie eine schlechte Nachricht für die Automobilindustrie. Ist es aber nicht.

Zur Erinnerung: Die Gesamtfahrleistung wird nicht sinken – sondern eher steigen. Sie wird nur anders verteilt. Statt auf viele Autos, die 15 bis 20 Jahre am Verkehr teilnehmen, werden sich die Fahrzeugkilometer auf ein Fünftel davon aufteilen. Die Fahrleistung pro Auto wird also enorm steigen. Wenn man eine fünffache durchschnittliche Fahrleistung im Vergleich zu heute ansetzt, so kommt man bereits auf gut 70.000 km im Jahr. Es können aber auch 100.000 km und mehr sein. Das bedeutet, dass ein zukünftiges autonomes Fahrzeug auf eine Lebensdauer von vielleicht drei bis vier Jahren aufweisen wird.

Derzeit werden in Deutschland im Durchschnitt ca. 3 Mio. Fahrzeug pro Jahr neu zugelassen.[8] Laut Zahlen aus dem Jahr 2014 werden diese über alle Marken hinweg nach etwa 18 Jahren verschrottet. Die Spanne hierbei ist enorm. Sie reicht von VW (26 Jahre) bis zu Kia, Lancia oder Alfa Romeo (14 Jahre).[9] Tendenziell hat sich die Gesamtlebensdauer von Automobilen immer mehr verlängert. Ein Trend, der sich ohne autonomes Fahren vermutlich fortsetzen würde.

Wenn heute der Ersatzbedarf bei etwa 3 Mio. Autos pro Jahr liegt, wie hoch wird er in Zukunft bei einem Bestand von 9 oder 10 Mio. autonomen Fahrzeugen sein?

Trotz der auf 20 % des jetzigen Bestands gesunkenen Gesamtflotte, wird sich der Erneuerungsbedarf nicht entscheidend verringern, setzt man eine Lebensdauer

---

[8] Das Kraftfahrtbundesamt gibt für 2018 ca. 3.5 Mio. an. In den Jahren 2020 bis 2022 sank diese Zahl vermutlich coronabedingt auf 2,7 bis 2,9 Mio.
[9] Zahlen von entsorgung.de.

von etwa drei Jahren voraus. Dies bedeutet, dass auch in Zukunft 2,5 bis 3,5 Mio. Pkw Jahr für Jahr neu zugelassen werden müssen, um die Mobilitätsbedürfnisse der Bevölkerung zu befriedigen.

Als Fazit kann festgehalten werden, dass die Gesamt-fahrleistung lediglich auf weniger Fahrzeuge konzentriert wird und diese daher schneller ersetzt werden müssen.

Modellzyklen:
Daraus ergibt sich ein weiterer, bisher wenig beachteter Effekt. Dieser betrifft die Länge der Modellzyklen.

In den letzten Jahrzehnten war eine stetige Verkürzung der Modellzyklen zu beobachten. Diese wurden nicht nur durch technische Fortschritte bedingt, sondern waren auch der Notwendigkeit geschuldet, dem Verbraucher optisch zeitgemäße Fahrzeuge anbieten zu können.

Wesentliche Treiber dieser Entwicklung sind nicht nur Modeströmungen im Bereich Design, sondern auch neu entwickelte Nutzungskonzepte. Man denke bei-spielsweise an den Siegeszug der SUV oder den Trend zur „Crossoverisierung" traditioneller Fahrzeugkonzepte. Mittlerweile gibt es kaum eine Kombination aus Minivan, SUV, Kombi und Limousine, die es nicht gibt. Selbst Pickups werden mit Cabrios oder Supersportlern mit Geländewagen gekreuzt.

Aber auch sicherheits- und vor allem umwelttechnische Anforderungen sind wesentliche Faktoren für neue Modelle und Modellreihen. Die immer strengeren Abgas-und Verbrauchsvorgaben haben nicht nur zu modifizierten oder gänzlich neuen Motorkonzepten geführt, sondern auch zu einer Vielzahl weiterer Veränderungen z. B. im Bereich des Luftwiderstandes.

In der Antriebstechnik erleben wir sowohl deutliche Verbesserungen z. B. bei Dieselmotoren, als auch das

Aufkommen völlig neuer Antriebskonzepte wie Elektro-motoren, Hybride und Brennstoffzellen. Diese und die damit verbundenen Speichertechnologien entwickeln sich sehr schnell weiter. Eine Batterie, die heute als fortschritt-lich gilt, kann in zwei, drei oder vier Jahren längst über-holt sein.

Die Abfolge der Modellzyklen wird durch die zunehmende Computerisierung und Vernetzung des Auto-mobils zusätzlich beschleunigt. Wenn das Auto, wie ver-schiedentlich kolportiert, immer mehr zu einem fahrenden Computer wird – und eigentlich ist es eher ein fahrendes Rechenzentrum als ein einzelner Rechner – dann führt die rasante technologische Entwicklung in diesem Bereich dazu, dass viele Komponenten immer schneller veralten.

Niemand würde heute einen 18 Jahre alten Rechner privat oder beruflich nutzen, und das ist bekanntlich die gegenwärtige durchschnittliche Lebensdauer eines Automobils in Deutschland. Selbst sechs, sieben oder acht Jahre alte Rechner gelten als hoffnungslos veraltet. Ein Smartphone wird heute von vielen Nutzern bereits nach ein bis zwei Jahren gegen ein Gerät der neuesten Generation ausgetauscht.

Für das Automobil bedeutet dies, dass insbesondere die Entwicklung der Computertechnologie kürzere Modell-zyklen erfordert. Es ist nicht zu erwarten, dass sich dieses Innovationstempo in den nächsten Jahrzehnten ver-langsamen wird.

Waren vor einiger Zeit Modellzyklen von neun, zehn oder mehr Jahren die Regel, so haben sich diese heute auf sieben bis acht Jahre verkürzt. Einige, insbesondere asiatische Hersteller, erneuern ihre Modellreihen bereits nach gut sechs Jahren.

Einerseits fordern die Verbraucher immer schneller neue Modelle, andererseits zeigen Umfragen, dass diese

Beschleunigung von einer Mehrheit von ihnen kritisch gesehen wird.

Hier wird ein Dilemma der Automobilindustrie deutlich: Wenn ich ein neues Auto kaufe, möchte ich für mein Geld ein möglichst aktuelles Modell bekommen. Wenn ich es dann aber besitze und fahre, soll sich an der jeweiligen Modellreihe möglichst lange nichts mehr ändern, denn jede Änderung führt zu einem Wert- und Imageverlust.

Ganz anders stellt sich die Situation dar, wenn der individuelle Besitz am Fahrzeug nicht mehr die Regel, sondern die Ausnahme ist. Wie bei einem Smartphone, einem Flatscreen oder einem anderen hochtechnisierten Produkt zählt dann nur noch der neueste Stand der Technik. Kein Verbraucher wird etwas gegen neue Modelle einzuwenden haben.

Dies bedeutet als weiteres Fazit, dass das autonome Fahren und die damit einhergehende Entkopplung von Fahrzeug und dessen Besitz noch kürzere Modellzyklen als heute überhaupt erst möglich machen. Sie werden nicht nur möglich, sondern sind auch notwendig, da die Fahrzeuge aufgrund der deutlich höheren jährlichen Fahrleistungen bereits nach wenigen Jahren nicht mehr wirtschaftlich betrieben werden können.

Die Automobilindustrie wird sich daher in Zukunft auf Modellzyklen von etwa drei bis vier Jahren einstellen müssen. Hinzu kommen ständige Software-Updates, wie sie heute bei anderen computerisierten Geräten üblich sind.

Die Verkürzung der Modellzyklen kommt also nicht nur dem Verbraucher und seinen sich schneller ändernden Mobilitätsbedürfnissen entgegen. Sie wird auch dem Innovationstempo im Bereich IT und Vernetzung besser gerecht. Auch die zu erwartenden Entwicklungen in der

Antriebstechnik, Motorisierung und Energiespeicherung können so schneller auf die Straße gebracht werden.

Kürzere Modellzyklen eröffnen aber weitere Möglichkeiten. Stärker als bisher, wo Autos als langlebige Konsumgüter betrachtet werden, wird man im Automobilbau in Zukunft kurzfristigen Mode- und Designtrends nachgehen können (und müssen). So werden Farben und Formen sowie Details der Innenausstattung einem schnelleren Wechsel unterworfen sein als bisher.

Wirtschaftlichkeit und Kosten:
Es ist zu erwarten, dass der Nutzer der verschiedenen Mietangebote keine rein utilitaristische Perspektive einnehmen wird. Es wird also nicht gleichgültig sein, wie man von A nach B kommt. Ähnlich wie bereits heute bei Taxis und Mietwagen werden Komfort, Ausstattung und Design, sicher aber auch Fahrzeuggröße, -konzept und -marke, zu Argumenten werden, sich für den einen oder anderen Anbieter, das eine oder andere Fahrzeug zu entscheiden.

Das alles wird aber auch vom Geldbeutel des Einzelnen und seiner Ausgabebereitschaft abhängen, denn die preisliche Spreizung zwischen den verschiedenen Angeboten wird erheblich sein.

Die Frage der Kosten von autonomen Mietmodellen und automobilen Mobility as a Service-Angeboten ist nicht nur für die Nutzer, sondern auch für die Anbieter von entscheidender Bedeutung. Autonome Flotten müssen wirtschaftlich betrieben werden können. Aber nur wenn der Preis stimmt, werden autonome Taxis auch genutzt.

Wie viel wird also ein solcher Fahrdienst kosten? Das ist im Moment natürlich nur sehr schwer vorherzusagen. Wir wissen, was ein Taxikilometer bei uns kostet (mehrere

Euro) und wir wissen, was ein Kilometer mit dem eigenen Auto ungefähr kostet.

Es ist bekannt, dass der durchschnittliche Autofahrer die Aufwendungen für sein Auto in der Regel erheblich unterschätzt. Fixe Kosten wie Steuern und Versicherungen, aber auch versteckte Kosten wie Wertverlust und Reparaturen werden meist nicht ausreichend berücksichtigt. Hier hilft der ADAC[10] weiter. Die detaillierten Tabellen für alle verfügbaren Automodelle zeigen, dass die Aufwendungen zwischen 40 Cent/km (einige Dacia-Modelle) und deutlich über 2 EUR/km (einige Porsche-Modelle) liegen. Dabei sind die Kosten für Stellplätze und Parkgebühren noch nicht berücksichtigt. Die meisten gängigen Modelle kosten zwischen 50 und 70 Cent/km.

Meine eigene Schätzung für Robotertaxis liegt bei etwa 50 Cent/km. Das wäre der untere Wert, größere und komfortablere Autos wären entsprechend teurer. Die Kosten würden also in etwa denen entsprechen, die man heute für sein Privatauto aufbringen muss. Dahinter steht die Annahme, dass ein Flottenbetreiber seine Fahrzeuge tendenziell wirtschaftlicher betreiben kann als eine Privatperson. Allerdings sind die Anforderungen an ein Robotertaxi höher (z. B. Wartung, Sauberkeit etc.). Damit wären autonome Fahrzeuge in der Kurzzeitvermietung mit Privatfahrzeugen konkurrenzfähig. Der Vorteil steigt, wenn man die Parkgebühren berücksichtigt, die heute bei 100 EUR und mehr pro Monat und Auto liegen können. Zudem bräuchte ein Haushalt nicht mehrere Autos, die teilweise wenig gefahren werden, was die Gesamtkosten weiter senkt.

Die angegebenen Preise beziehen sich auf ein Auto, das von einer einzelnen Person genutzt wird. Wird ein Fahr-

---

[10] ADAC Autokosten Frühjahr/Sommer 2023.

zeug geteilt, so sinken die Kosten drastisch. Selbst wenn die Vorteile der gemeinsamen Nutzung nicht vollständig an den Kunden weitergegeben werden, liegen sie nur noch zwischen 20 und 30 Cent pro km.

Das sind Schätzwerte. Eine genaue Kalkulation stellen Hermann und Jungwirth in ihrem Buch[11] auf. Dabei werden folgende Kostenblöcke berücksichtigt: Kaufpreis, Finanzierung, Parken, Kraftstoff, Wartung, Reinigung, Versicherung, Mobilitätsplattform (App, Software), Steuern, Gebühren und Leerfahrten. Für die westlichen Länder kommen sie auf 70 bis 120 Cent/km, für den Rest der Welt auf 40 bis 80 Cent/km[12]. Diese Preise könnten für die Anfangsphase der Einführung von Robotertaxis realistisch sein. Bei einer späteren massenhaften Verbreitung werden sie aber vermutlich sinken, so dass die von mir genannten Preise nicht utopisch erscheinen.

Zusammenfassend kann festgestellt werden, dass die Nutzung von Robotertaxis bei einer Gesamtkostenbetrachtung im Vergleich zur privaten Anschaffung und Nutzung eines Pkw konkurrenzfähig ist. Hinzu kommen Convenience-Vorteile (ich kann Verkehrssysteme beliebig kombinieren und muss mein Auto nicht wieder dort abholen, wo ich es abgestellt habe). Auch die Kosten für das kurzfristige und dauerhafte Abstellen des Fahrzeugs entfallen. Doch natürlich muss auch die individuelle Gesamtfahrleistung sinken. Wenn ich für jeden Meter ein MaaS-Angebot nutze und nicht auch andere Verkehrsmittel einbeziehe, werde ich in der Summe kaum günstiger wegkommen als mit dem eigenen Auto.

---

[11] Hermann, A. & Jungwirth, J (2022): Inventing Mobility for All. Mastering Mobility-as-a-Service with Self-Driving Vehicles. Emerald Publishing.

[12] Herrmann & Jungwirth S. 168.

Versorgungsinfrastruktur:

Bisher sind wir davon ausgegangen, dass ein autonomes Fahrzeug nicht an ein bestimmtes Antriebskonzept gebunden ist, dass also Steuerung und Antrieb weitgehend unabhängig voneinander sind. Ein autonomes Fahrzeug könnte einen Verbrennungsmotor, einen elektrischen Antrieb oder eine Brennstoffzelle haben, vielleicht auch von allem etwas (Hybride).

Dies gilt auch weiterhin. Und doch wird das autonome Fahren auch Implikationen für die Versorgungsinfrastruktur (Tankstellen, Ladestationen etc.) haben.

Unweit meines Büros hat unlängst ein neues Amazon-Lager seine Pforten geöffnet. Das hatte einen erstaunlichen Effekt. Jeden Morgen belagern Dutzende von weißen Lieferwagen die nahe gelegene Tankstelle, stehen geduldig an, um sich Diesel für den bevorstehenden Tag zu holen.

Wie lange wird das funktionieren? Wie lange wird es dauern, bis Amazon selbst eine Tankanlage auf seinem Gelände in Betrieb nimmt? Ich will damit sagen: Wenn es in Zukunft deutlich weniger private Fahrzeuge gibt, braucht man auch deutlich weniger dezentrale Tank- und Ladeeinrichtungen. Kein Betreiber autonomer Flotten wird seine Fahrzeuge langfristig an öffentlichen Zapfsäulen betanken lassen. Ebenso wenig werden öffentliche Ladestationen genutzt werden. Die gesamte Infrastruktur wird selbst betrieben, weil dies effizienter und kostengünstiger ist.

Tankstellen gibt es, seit es Autos mit Verbrennungsmotor gibt. Sie sind im Laufe der Jahrzehnte immer größer geworden, werden Tag und Nacht betrieben. Und sie werden immer weniger. Dieser Konzentrationsprozess wird sich also dramatisch verschärfen. Das muss nicht beunruhigen, denn die zunehmende Elektrifizierung des Verkehrs und die damit einhergehenden privaten und dezentralen Ladestationen können den gleichen Effekt haben.

Wir diskutieren heute aber darüber, dass wir eine gewaltige Infrastruktur aufbauen müssen, um Millionen und Abermillionen von Elektroautos betreiben zu können. Dazu gehören private Anschlüsse in Häusern und Garagen (sog. Wallboxen), aber auch unzählige Ladestationen in Einkaufszentren, Betrieben, öffentlichen Parkhäusern und womöglich auch „an jeder Laterne".

Zu diesem Aufwand kommt hinzu, dass unser Stromnetz für diese Aufgabe gar nicht ausgelegt ist. Es müssen also auch enorme Summen in verstärkte Leitungen, Transformatoren und ähnlich Dinge investiert werden.

Die Frage ist also: Brauchen wir Millionen Lademöglichkeiten für Elektrofahrzeuge (eine Investition, die viele Milliarden kosten würde)? Die Antwort ist eindeutig: Nein. Wird der Verkehr in absehbarer Zeit tatsächlich elektrisch und autonom, dann werden die Flottenbetreiber zentrale Ladeeinrichtungen bereitstellen (und finanzieren). Das ist technisch einfacher und kostet die öffentliche Hand nichts.

Ob fünf oder zehn Jahre eine „absehbare Zeit" sind, ist natürlich eine andere Frage. Und womöglich dauert es länger. Dennoch sollte man diesen Aspekt nicht aus den Augen verlieren. Vielleicht brauchen wir Übergangskonzepte und Übergangslösungen. Auf jeden Fall sollte vermieden werden, dass hier große Summen in den Sand gesetzt werden.

Sicherheit

Dass autonomes Fahren sicher sein muss, liegt auf der Hand. Unfälle mit autonomen Fahrzeugen erregen immer wieder große mediale Aufmerksamkeit und beeinflussen die öffentliche Wahrnehmung stark. Es ist davon auszugehen, dass selbst vereinzelte und seltene Unfälle zu einem Akzeptanzproblem führen können. Nicht zuletzt deshalb wird diesem Aspekt sowohl von Seiten der Hersteller als auch von Seiten der Genehmigungsbehörden eine hohe Bedeutung beigemessen.

Während man beispielsweise in den USA der Meinung ist, dass autonome Fahrzeuge mindestens so sicher sein müssen wie von Menschen gesteuerte, folgt man in Deutschland dem Primat der absoluten Sicherheit. Unfälle sollen so weit wie möglich ausgeschlossen werden. Absolute Sicherheit gibt es aber nicht und wird es auch nie geben. Das sieht man zum Beispiel im Flugverkehr, wo zwar mit erheblichem Aufwand dramatische Fortschritte

© Der/die Herausgeber bzw. der/die Autor(en), exklusiv lizenziert durch Springer-Verlag GmbH, DE, ein Teil von Springer Nature 2023
M. Lalli, *Autonomes Fahren und die Zukunft der Mobilität*, https://doi.org/10.1007/978-3-662-68124-4_5

erzielt wurden, es aber immer wieder zu Abstürzen und anderen Unfällen kommt.

Es ist davon auszugehen, dass es gerade in der Anfangszeit des autonomen Straßenverkehrs immer wieder auch zu schweren Zwischenfällen kommen wird, die ein entsprechendes Medienecho auslösen. Hier sollten frühzeitig und vorsorglich Kommunikationsstrategien entwickelt werden.

Es können vier sicherheitsrelevante Bereiche unterschieden werden:

Zuverlässigkeit der Technologie:

Hier geht es um die eingesetzte Hard- und Software und um das Zusammenspiel dieser Komponenten. Die gebräuchlichsten Sensoren und Detektoren sind: LIDAR (Light Detection and Ranging) arbeitet mit Laserstrahlen, RADAR (Radio Detection and Ranging) mit Radiowellen. Kameras liefern herkömmliche (Farb-)Bildinformationen, Ultraschallsensoren (USS) senden akustische Wellen aus und überwachen den Nahbereich.

Obwohl LIDAR- und RADAR-Detektoren ähnlich funktionieren, haben sie spezifische Vor- und Nachteile. Das kurzwelligere LIDAR bietet eine höhere Auflösung, ist genauer, kann kleinere Objekte identifizieren, ermöglicht ein dreidimensionales Mapping und arbeitet auch bei ungünstigen Wetterbedingungen, wie Nebel, Regen und Schnee zuverlässig. RADAR hingegen hat eine größere Reichweite und kann bestimmte Materialien und Barrieren (z. B. Bäume) durchdringen. Kameras sind bewährt, billiger und kleiner als die oben genannten Detektoren und liefern Farbinformationen, die für die Erkennung von Objekten nützlich sein können. Außerdem haben sie einen großen Erfassungsbereich. Nachteilig sind ihre Empfindlichkeit bei ungünstigen Witterungsbedingungen, ihre geringere Genauigkeit und das Fehlen von Tiefeninformationen. Außerdem sind

Kameras auf gute Lichtverhältnisse angewiesen und haben Probleme bei Dunkelheit oder schwierigen Lichtverhältnissen. Ultraschallsensoren sind sehr kostengünstig und verbrauchen wenig Strom. Sie arbeiten weitgehend wetterunabhängig und bieten eine gute Nahbereichserkennung. Allerdings sind sie auf diesen Bereich beschränkt und können nicht für größere Entfernungen eingesetzt werden. Zudem sind sie leicht durch Störquellen beeinflussbar und somit anfällig für Fehlalarme.

Interessanterweise verzichtet Tesla bei seinen Fahrzeugen gänzlich auf LIDAR-Detektoren. Elon Musk hält Kameras und KI-Systeme für ausreichend. Kürzlich hat er sogar die bisher verwendeten und installierten RADAR-Systeme in seinen Fahrzeugen per Software-Update deaktivieren lassen. Seine Kritik an LIDAR bezieht sich vor allem auf die hohen Kosten, die angebliche Unzuverlässigkeit bei bestimmten Wetter- und Lichtverhältnissen sowie die komplexe Signalverarbeitung, die eine hohe Rechenleistung erfordert. Inwieweit Musks Ablehnung von LIDAR-Detektoren gerechtfertigt ist, bleibt allerdings offen.[1] Fakt ist, dass Tesla im Gegensatz zu Waymo/Alphabet keine eigene LIDAR-Technologie entwickelt hat und auf den Zukauf der teuren Sensoren angewiesen wäre. Ob Kameras allein, wie von Musk propagiert, ein sicheres autonomes Fahren ermöglichen, wird die Zukunft zeigen.

---

[1] Bei den neuesten Modellen der Reihen Y und 3 verzichtet Elon Musk (aus Kostengründen) auch auf Ultraschallsensoren. Auch hier sollen Kameras eine gleichwertige Lösung sein. Liest man die Beiträge in den Tesla-Gruppen der sozialen Medien, gewinnt man den Eindruck, dass sich die meisten Tesla-Fahrer die USS zurückwünschen. Einige rüsten sie auf eigene Kosten nach. Der Wunsch „abzuspecken" und kostengünstiger zu produzieren, geht bei Tesla vielleicht zu weit.

Cyber-Sicherheit:
Dieser Aspekt spielt beim autonomen Fahren eine sehr wichtige Rolle, da vernetzte Objekte anfällig für Cyber-Angriffe sind.

Autonome Fahrzeuge sind mit einer Vielzahl von Sensoren und Steuerungssystemen ausgestattet, die untereinander, aber auch mit externen Instanzen in Verbindung stehen. Diese Kommunikation muss so weit wie möglich abgeschirmt und verschlüsselt sein, um Manipulationen und unberechtigten Zugriff zu vermeiden.

Potenzielle Angreifer könnten Schwachstellen in der Software des autonomen Fahrzeugs nutzen, um die Kontrolle über das Fahrzeug zu erlangen und unerwünschte Aktionen auszuführen. Deshalb muss die Software ausgiebig getestet sein und regelmäßig aktualisiert werden. Im Grunde ist dies dasselbe wie in vielen anderen Bereichen, nur dass die Auswirkungen hier kritischer sein können.

Um mögliche Anomalien zu erkennen, ist eine kontinuierliche Überwachung der Fahrzeugsysteme erforderlich. Da sowohl die Software als auch die Sensorik sehr komplex sind, könnten hier moderne KI-Systeme zum Einsatz kommen.

Datenschutz:
Autonome Fahrzeuge sammeln sehr große Datenmengen. Sie stammen von eigenen Sensoren und Kameras, aber auch von externen Verkehrsleitsystemen oder anderen Diensten. Diese Daten müssen vor unbefugtem Zugriff geschützt werden. Dabei geht es vor allem um den Schutz der Privatsphäre der Fahrzeuginsassen, aber auch der von Passanten und anderen Verkehrsteilnehmern, die beispielsweise von den Fahrzeugkameras erfasst werden.

Diese Daten werden nicht nur zur Bewältigung der eigentlichen Fahraufgabe verwendet, sondern auch zur Verbesserung des Autopiloten oder allgemein zu Forschungs- und Entwicklungszwecken. Diese Verwendungsarten müssen klar definiert und geregelt werden. Beispielsweise ist eine Anonymisierung der Daten erforderlich, um die Privatsphäre der Betroffenen zu schützen. Für bestimmte Daten und Nutzungen sollte die Einwilligung des Halters/Fahrers eingeholt werden. Auch die Weitergabe von Daten an Dritte (Versicherungen, Strafverfolgungsbehörden und externe Dienstleister) ist zu regeln. Verschlüsselung, Zugriffskontrolle und sichere Datenübertragung sollten so weit wie möglich umgesetzt werden. Schließlich ist es sinnvoll, eine maximale Speicherdauer für die Daten vorzusehen.

Ethik und Recht:
Autonome Fahrzeuge müssen gegebenenfalls moralische Entscheidungen treffen und beispielsweise abwägen, wessen Sicherheit bei einem Unfall Vorrang hat. Aus meiner Sicht wird diese Problematik überschätzt bzw. in den Medien überbewertet.

Schon heute muss jeder Autofahrer und jede Autofahrerin solche Entscheidungen treffen. Dies geschieht aber, wenn überhaupt, nur sehr selten. Ich bin der Meinung, dass ein autonomes System so entscheiden sollte, wie es Menschen in der Regel instinktiv, also ohne lange nachzudenken, tun: das eigene Leben bzw. das Leben der Insassen schützen. Es wäre einem Autokäufer auch schwer zu vermitteln, dass sein Fahrzeug im Zweifelsfall sein Leben opfert, um ein Kind zu retten, das gerade über die Straße rennt.

In der Psychologie gibt es eine umfangreiche Forschung zu solchen moralischen Entscheidungssituationen.

Berühmt geworden ist das Gedankenexperiment der britischen Moralphilosophin Philippa Foot: Ein außer Kontrolle geratener Zug rast über ein Gleis. Weiter unten stehen fünf Gleisarbeiter, die von dem Zug getötet werden, wenn er nicht durch eine Weiche, die sich oberhalb der Arbeiter befindet, auf ein anderes Gleis umgeleitet wird. Auf dem anderen Gleis befindet sich jedoch ebenfalls ein Arbeiter. Du stehst an der Weiche und musst entscheiden, auf welches Gleis der Zug rollen soll. Was tust du?[2]

In diesem Gedankenexperiment geht es um zwei Fragen: 1) Was ist die richtige Entscheidung? 2) Hat der Mensch das Recht, über Leben und Tod anderer Menschen zu entscheiden?

Auf beide Fragen gibt es keine einfachen Antworten. Die meisten Befragten geben an, dass es moralisch „richtiger" ist, viele Menschen zu retten und dafür einen einzelnen zu opfern. Neben der Quantität spielen aber auch andere Faktoren wie das Alter, das Geschlecht, der Beruf etc. eine Rolle. Ist ein Chirurg mehr wert als ein Obdachloser, ein Kind mehr als ein Greis? Wie will man eine Rangfolge aufstellen, wer lebenswerter ist? Interessanterweise gibt es in dieser Frage große kulturelle Unterschiede. Während im Westen weitgehend Einigkeit darüber herrscht, dass mehrere Menschen mehr wert sind als ein Einzelner, sieht man das zum Beispiel in Indien ganz anders. Hier argumentieren die Befragten, dass der Einzelne in der Zukunft vielleicht eine bahnbrechende Entdeckung machen könnte, die der Menschheit von großem Nutzen wäre. Mit anderen Worten: Es ist nicht vorhersehbar, wer in der Zukunft welchen Beitrag für die

---

[2] Es gibt viele ähnliche Beispiele.

Allgemeinheit leisten wird und es daher wert ist, in einem solchen Szenario zu überleben.

Es wäre daher sehr gefährlich, unsere eigenen moralischen Vorstellungen zu verallgemeinern und sie zum weltweiten Maßstab für autonome Fahrzeuge zu erheben. Ein Algorithmus, der in verschiedenen Regionen der Welt unterschiedlich entscheidet, wäre nicht besser, weil er die Relativität moralischer Urteile für alle sichtbar machen würde. Und diese Unterschiede bestehen nicht nur zwischen Ländern und Kulturen, man findet sie auch auf engstem Raum in einer einzigen Kultur.

Aus meiner Sicht gibt es für das autonome Fahren und seine inhärente moralische Instanz nur eine, dafür aber einfache Lösung: 1) Das Leben der Insassen hat immer Vorrang. 2) Bei mehreren Alternativen entscheidet das System nach dem Zufallsprinzip. Der erste Punkt ist dem zweiten stets übergeordnet.[3] Eine weitere Möglichkeit wäre, einfach nichts zu tun. Oder die Alternative zu wählen, die den geringsten Eingriff erfordert. Denn es ist keineswegs auszuschließen, dass der Autopilot die Situation nicht richtig erkennt und eine ‚falsche' Handlung mit unabsehbaren Folgen einleitet.

Das klingt vielleicht hart und für den einen oder anderen ungerecht, aber es befreit uns davon, über das Leben anderer entscheiden zu müssen. Die Priorisierung der Insassen steht dazu nicht im Widerspruch, denn sie kann als eine Fortsetzung des „Überlebensinstinkts" des Fahrers angesehen werden. Sie macht auch die Frage, wer mehr oder weniger wert ist, obsolet. In den vermutlich

---

[3] In einer Situation, in der beispielsweise eine Entscheidung zwischen Fahrer und Beifahrer getroffen werden muss („Soll ich rechts oder links gegen den Pfeiler fahren?"), kommt auch hier das Zufallsprinzip zum Tragen. Gleiches gilt für die Wahl zwischen einer Gruppe von Kindern und einer Gruppe von Senioren.

sehr seltenen Fällen, in denen eine solche hochmoralische Frage entschieden werden muss, trägt dann ein einfacher Zufallsalgorithmus die letzte Verantwortung, was auch Haftungsfragen erheblich entschärfen dürfte. Im Grunde wäre das nicht viel anders als heute, wo bei einem Unfall niemand Zeit für moralische Abwägungen hat.

Notwendig ist aber eine weitestgehende Transparenz. Insassen und Außenstehende müssen verstehen, warum sich autonome Fahrzeuge so und nicht anders verhalten.

Auch die Frage der Haftung muss geklärt werden. Wer ist im Falle eines Unfalls verantwortlich? Derzeit gilt die sogenannte verschuldensunabhängige Gefährdungshaftung für den Eigentümer bzw. Halter des autonomen Fahrzeugs. Sollte also ein autonomes Automobil einen Unfall verursachen, haftet zunächst der Eigentümer oder Halter dieses Fahrzeugs unabhängig von seinem Verschulden. Damit ist dessen Kfz-Haftpflichtversicherer erster Ansprechpartner für den Unfallgeschädigten und wird den Schaden regulieren. Stellt sich heraus, dass der Schaden auf ein Verschulden des Fahrzeugherstellers oder eines Zulieferers zurückzuführen ist, kann der Kfz-Haftpflichtversicherer gegebenenfalls Regress nehmen.[4] Doch natürlich muss und wird hier auch diskutiert werden, welche Verantwortung der Hersteller des Autopiloten insgesamt hat.

---

[4] Claudius Leibfritz, CEO Allianz Automotive, im Interview mit Chip online (2019).

Flottenanbieter

Eine Frage, die für verschiedene Branchen relevant ist, betrifft die möglichen Flottenanbieter. Wer wird die autonom fahrenden und sich nicht im Privatbesitz befindlichen Fahrzeuge betreiben?

Obwohl jeder, der in der Lage und willens ist, sich (mit größeren Beträgen) zu engagieren, dafür in Frage kommt, gibt es einige „natürliche" Kandidaten. Dazu gehören vor allem diejenigen, die bereits heute größere Fahrzeugflotten besitzen und betreiben.

An erster Stelle sind hier die *Autovermieter* zu nennen.

Das Geschäftsmodell der Autovermieter ähnelt gegenwärtig am ehesten dem, was in Zukunft für den Betrieb autonomer Fahrzeugflotten erforderlich sein wird.

Die Autovermieter verfügen bereits über eine umfangreiche Infrastruktur für die Pflege, Instandsetzung und Bereitstellung von Mietwagen. Darüber hinaus verfügen

M. Lalli, *Autonomes Fahren und die Zukunft der Mobilität*, https://doi.org/10.1007/978-3-662-68124-4_6

sie über international eingeführte, bekannte Marken und einen großen, zum Teil treuen Kundenstamm.

Deren Geschäftsmodell besteht derzeit jedoch darin, die Fahrzeuge nur für einen sehr begrenzten Zeitraum zu nutzen, um sie anschließend gewinnbringend weiterzuverkaufen. Dies wäre in Zukunft in dieser Form nicht mehr möglich und würde zu einer Verlagerung von Teilen der Erträge aus dem Fahrzeughandel in das eigentliche Vermietgeschäft führen.

Ein weiterer Unterschied zur gegenwärtigen Situation besteht in der Mietdauer. Obwohl autonome Fahrzeuge auch längere Strecken zurücklegen werden, führt ihre flexiblere Nutzung zu sehr unterschiedlichen zeitlichen Mietformen. Diese werden häufig im Stunden- oder sogar im Minutenbereich liegen. Insgesamt wird sich die Mietdauer radikal verkürzen und andere Abrechnungssysteme erfordern.

Ein weiterer, wenn auch weniger aussichtsreicher Kandidat für den Betrieb von Fahrzeugflotten sind *Taxiunternehmen*.

Es ist offensichtlich, dass ein System autonomer Fahrzeuge keine Chauffeure mehr benötigt und damit Taxis im engeren Sinne obsolet werden. Da die deutsche Taxilandschaft jedoch stark von kleinen und mittleren Unternehmen bis hin zu Einzelunternehmen geprägt ist, ist sie auf die Anschaffung, Unterhaltung und Vermarktung größerer Fahrzeugflotten relativ schlecht vorbereitet und damit wenig wettbewerbsfähig. Es ist daher zu erwarten, dass diese Branche vollständig verschwinden wird.

Hinzu kommt, dass die Taxibranche insgesamt wenig innovativ erscheint. Die Auseinandersetzungen mit Uber haben gezeigt, dass sie vor allem darauf bedacht ist, ihren Besitzstand zu wahren. Jegliche Konkurrenz wird erbittert bekämpft. Man schreckt auch nicht davor zurück, von den Städten und Gemeinden (noch) mehr Regulierung zu fordern, um das eigene Geschäftsmodell zu retten. Dies wird den Übergang zwar verzögern, aber nicht aufhalten.

Anders sieht es bei Ridehailing-Anbietern wie Uber aus. Das teuerste Element dürfte derzeit der Fahrer sein. Hier ist bereits klar, wohin die Reise geht.[1]

Auch *Carsharing*-Anbieter kommen als Kandidaten für den Betrieb autonomer Fahrzeugflotten in Frage. Sie verfügen über Erfahrungen in den notwendigen Bereichen (Einkauf, Wartung, Reparatur, Pflege etc.) und haben bereits einen relativ großen Kundenstamm.

Obwohl es grundsätzlich denkbar ist, dass auch Betreiber autonomer Flotten ihre Kunden eng an sich binden können, werden sich diese wohl kaum an einen einzigen Anbieter ketten wollen. Dennoch wird es solche Modelle geben. Was für alle Anbieter gilt, stellt für die Carsharing-Branche eine besondere Herausforderung dar, da sie sich bisher gerade nicht durch eine Vielfalt ihres Angebots auszeichnet. Angebotsvielfalt ist aber eine wesentliche Voraussetzung für Flexibilität bei der Anmietung unterschiedlicher Fahrzeugmodelle und -konzepte. Carsharing hatte bisher vor allem den Vorteil der räumlichen Nähe der Fahrzeuge zum Kunden. Dies wird in Zukunft kein Alleinstellungsmerkmal mehr sein.

Auch für die Carsharing-Anbieter gilt, dass sie nicht besonders innovativ sind. Sie halten an ihrem Konzept fest und meinen, in eine rosige Zukunft zu schauen. Carsharing genießt in der Bevölkerung und bei Umweltverbänden große Sympathie. Unterstützt wird dies durch den allgemeinen Trend zur Sharing-Economy. Dass autonome

---

[1] Bereits 2018 auf dem Weltwirtschaftsgipfel in Davos kündigte Uber-Chef Khosrowshahi an, er würde innerhalb von 18 Monaten (!) autonome Taxis auf die Straße bringen. (Automobil Produktion vom 24.01.2018).

Fahrzeuge das Primat des Teilens noch besser umsetzen können, wird dabei leicht übersehen.

Ich erwarte, dass das klassische Carsharing-Konzept den Übergang in die autonome Fahrwelt **nicht überleben** wird. Es stößt schon heute zahlenmäßig an Grenzen und kommt letztlich aus seiner Nische nicht heraus.

Wer käme außer den genannten noch als Anbieter autonomer Fahrzeugflotten in Frage? Hier könnten sicherlich neue Namen aus dem Bereich der Energieversorgung oder der Telekommunikation auftauchen, aber auch die neuen IT-Giganten wie Apple und Google wären mögliche Kandidaten. Schließlich zeichnen sich gerade diese durch intensive Forschung und umfangreiche Modellversuche in diesem Bereich aus.

Es gibt aber noch einen weiteren Kandidaten, der einem nicht sofort in den Sinn kommt, obwohl ein solches Angebot für ihn absolut naheliegend wäre, und das ist die *Automobilindustrie* selbst.

Die Automobilindustrie verfügt über alle Voraussetzungen um große Fahrzeugflotten erfolgreich zu betreiben. Wenn man an ihre Leasinggesellschaften denkt, tut sie das schon heute.

Eine Verbindung von Produktion und Betrieb der Fahrzeuge hätte sicherlich eine Reihe von Vorteilen. Zum einen könnten diesbezügliche Erfahrungen schneller in die Konstruktion einfließen, zum anderen hätte man Kostenvorteile gegenüber Anbietern, die ihre Fahrzeuge (bei eben dieser Automobilindustrie) erst einkaufen müssten. Zudem verfügen die Hersteller über bekannte Marken mit jahrzehntelanger Tradition. Sie haben treue Kunden und ein stabiles, etabliertes Markenimage.

Aber natürlich hat der Automobilhersteller als Flottenanbieter auch mit entscheidenden Nachteilen zu kämpfen. Ein Fremdanbieter kann im Prinzip alle Marken führen, also seinen Kunden das volle Spektrum der im Markt verfügbaren Fahrzeuge vom Stadtmobil bis zum Luxuswagen anbieten. Und er kann flexibler auf die sich ändernden Kundenwünsche reagieren. Fällt eine Marke beim Verbraucher in Ungnade oder kommt eine andere groß heraus, kann er seine Flotte relativ schnell umbauen, schneller jedenfalls als der Hersteller, der an seinem Image und seiner Modellpalette feilen müsste.

Bei großen Konzernen fällt dieser Nachteil allerdings weniger ins Gewicht. Wenn eine Muttergesellschaft wie VW zehn Marken zu ihrem Portfolio zählt, ist sie für die neue Zeit besser aufgestellt als ein Einmarkenhersteller, von denen es aber immer weniger gibt.

Wir sehen also, dass die Automobilindustrie in zweifacher Hinsicht von der Automatisierung des Fahrens profitieren wird. Sie wird nicht nur durch den Verkauf (bei kaum sinkender Produktion) Geld verdienen, sondern auch durch die direkte Vermietung ihrer Fahrzeuge erheblich profitieren.

Einen Schritt in diese (richtige) Richtung hat Volkswagen mit der Übernahme von Europcar unternommen. Für 2,5 Mrd. EUR hat sich der Konzern Mitte 2022 einen der großen Autovermieter gesichert. Auch wenn das Ziel die Stärkung des traditionell defizitären Carsharing-Geschäfts war, wird die Strategie aufgehen, wenn es um den Betrieb autonomer Flotten geht. Hier ist ein Autovermieter wie Europcar der ideale Partner.

Für alle Flottenanbieter wird sich aber das Thema *Kundenbindung* anders und zum Teil ganz neu stellen.

Wir haben gesehen, dass es für den Verbraucher wenig Anlass gibt, sich an einen bestimmten Anbieter zu binden oder gar zu ketten. Seine neue Freiheit besteht ja gerade darin, aus allen Möglichkeiten frei zu wählen, also Autos flexibel zu nutzen, kleine und große Wege je nach Bedarf unterschiedlich zurückzulegen. Und natürlich wird der Individualverkehr auch in Zukunft, noch mehr als heute, mit dem öffentlichen Verkehr konkurrieren. Streng genommen wird die Grenze zwischen Individualverkehr und ÖPV nach und nach verschwinden. Das eine wird in das andere übergehen. Dies stellt weitere Anforderungen an die Automobilindustrie und die Flottenbetreiber. Neue Fahrzeugkonzepte sind gefragt, um sechs, acht, zwölf oder mehr Fahrgäste gleichzeitig komfortabel ans Ziel zu bringen. Dazu später mehr.

Für den einzelnen Flottenbetreiber wird es daher entscheidend sein, den Kunden so oft wie möglich dazu zu bewegen, gerade seine Angebote zu wählen. Autovermieter stehen seit jeher vor dieser Herausforderung. Nicht umsonst haben Kundenbindungsprogramme hier eine lange Tradition. Aber auch Tankstellen und Hotelketten kämpfen seit langem mit diesem Problem.

Kundenbindungsprogramme werden für den Markt autonomer Fahrzeuge vermutlich nicht viel anders aussehen als jene, die es heute schon für andere Märkte gibt. Man wird Rabatte für wiederholte Nutzung erhalten, es wird Kundenkarten und Clubmitgliedschaften geben. Sogar Flatrates sind denkbar, was zu einer Parallele zum klassischen Autobesitz führt, auch wenn man dann nur einen Anteil an einer Fahrzeug*flotte* (für einen bestimmten Zeitraum) erwirbt. Der Fantasie sind keine Grenzen gesetzt, und ich bin mir sicher, dass die Marktforscher hier noch einiges erfinden werden.

Öffentlicher Personenverkehr

Das autonome Fahren wird den Individualverkehr grundlegend verändern. Das habe ich auf den letzten Seiten aufgezeigt. Wer glaubt, dass sich die Veränderungen auf diesen Bereich beschränken, der irrt. Auch der öffentliche Personenverkehr (ÖPV), gleichgültig ob im Nah- oder Fernverkehr, wird in Zukunft ein anderer sein.

Das Ausmaß dieser Veränderungen möchte ich nun skizzieren. Einiges davon ist spekulativ, weil der ÖPV ein höheres Beharrungsvermögen als der Individualverkehr aufweist, und wir weit in die Zukunft schauen müssen – bis zu 50 Jahre und mehr. Außerdem ist der ÖPV stärker reguliert und unterliegt in größerem Maße politischen Entscheidungen. Hier ist vieles möglich, was wirtschaftlich oder technisch weniger sinnvoll ist.

Ich habe bereits auf einen der großen aktuellen Trends hingewiesen, den Trend zum *Kombinieren* verschiedener Verkehrsträger. Darin sind sich alle Verkehrsexperten

© Der/die Herausgeber bzw. der/die Autor(en), exklusiv lizenziert durch Springer-Verlag GmbH, DE, ein Teil von Springer Nature 2023
M. Lalli, *Autonomes Fahren und die Zukunft der Mobilität*, https://doi.org/10.1007/978-3-662-68124-4_7

und Verkehrsanbieter einig: Nicht die exklusive Nutzung eines bestimmten Verkehrsträgers ist sinnvoll und nachhaltig, sondern deren undogmatische Kombination. Das umfasst sowohl die jeweils sinnvollste Wahl (kürzeste Strecke, billigste und ökologischste Variante), als auch deren Kombination für das Zurücklegen einer bestimmten Strecke (z. B. Rail&Fly, Park&Ride etc.).

Wenn bereits heute, also angesichts des allgegenwärtigen individuellen Besitzes an einem Fahrzeug, die Kombination der Verkehrsträger propagiert und diese als unverzichtbar angesehen wird, wie wird es erst in einer Zukunft aussehen, in der alle Verkehrsleistungen nur noch gemietet werden?

Man braucht kein Prophet zu sein, um zu erkennen, dass die Unterscheidung zwischen Individualverkehr und Öffentlichem Personenverkehr immer mehr schwinden wird.

So ist z. B. davon auszugehen, dass es eine nahezu beliebige Skalierung der Fahrzeuggröße geben wird. Schon heute haben wir Automobile, die Platz für zwei bis sieben, manchmal sogar neun Personen bieten. Daneben gibt es kleine und große Busse. Letztere können bis zu 200 Fahrgäste gleichzeitig befördern.

Wir werden also in Zukunft die Wahl haben, ob wir uns allein, mit wenigen oder mit vielen Menschen unterwegs sein wollen. Auf den ersten Blick nicht viel anders als heute. Allerdings wird der mittlere Kapazitätsbereich wesentlich größer sein als heute.

Doch wovon hängt unsere Wahl ab? Auch hier ist der Unterschied zu heute eher gering, denn die Bedürfnisse werden sich kaum ändern. Unsere Entscheidung wird vor allem davon abhängen, wie schnell wir unser Ziel erreichen wollen. Auch das Sicherheitsbedürfnis wird eine Rolle spielen. Mit Fremden zu fahren, kann zu gewissen Zeiten und in bestimmten Gegenden mit Angstgefühlen verbunden sein. Aber letztlich kostet alles Geld. Wofür ich mich entscheide, hängt also wesentlich von meiner Ausgabebereitschaft ab.

Angenommen, ich möchte von Mannheim nach München fahren. Dafür werde ich sehr viele Alternativen haben.

Ich kann mir ein individuelles Fahrzeug bestellen, das mich abholt und an meinem Zielort wieder absetzt. Das wird die bequemste, aber auch teuerste Variante sein. Natürlich kann ich hierbei aus einem breiten Angebot an Fahrzeugen und Marken wählen, was sich ebenfalls auf die Kosten auswirkt. Vielleicht möchte ich Luxus und Entertainment, Komfort und Ruhe, vielleicht begnüge ich mich mit einem einfachen, spartanisch ausgestatteten Modell.

Für meine Fahrt nach München könnte ich aber auch ein Gemeinschaftsfahrzeug mieten. Dann müsste ich mich zwar mit mehreren Mitfahrern arrangieren, aber es wäre vielleicht kommunikativer und lustiger – und natürlich auch billiger. Generell gilt: Je mehr Leute mitfahren, desto billiger wird die Fahrt.

Schon heute gibt es Fernbusse, die für ein paar Euro quer durch Deutschland fahren. Um wie viel billiger werden diese Fahrzeuge ohne Fahrer verkehren können?

Kleinere Busse werden mich eventuell ebenfalls Zuhause abholen, bei größeren Bussen muss ich zu einer Sammelstelle fahren, was aber angesichts zahlreicher Zubringermöglichkeiten kein Problem sein wird. Es wird nur etwas länger dauern – und deshalb günstiger sein.

Neben der Größe werden Sammel- und Überlandbusse auch unterschiedliche Komfort- und Verpflegungsangebote bieten. Auch eine Differenzierung nach sozialen Gruppen ist denkbar.

Die niederländische Fluggesellschaft KLM hat vor einiger Zeit ein Pilotprojekt durchgeführt, bei dem man seine Sitznachbarn anhand von Profilen in sozialen

Netzwerken auswählen konnte. In Zukunft wird es möglich sein, sich einen Kleinbus mit vermeintlich Gleichgesinnten für eine Langstrecke zusammenstellen können. Das Internet macht es möglich. Der Fantasie sind keine Grenzen gesetzt.

Anders sieht es in den Städten aus. Dies gilt insbesondere für Innenstädte und die Ballungsräume. Es ist davon auszugehen, dass autonomes Fahren effizienter sein wird als heutiges selbstgesteuertes Fahren. Dies wird sich auch positiv auf den Flächenverbrauch auswirken, der etwas geringer ausfallen könnte. Zudem haben wir gesehen, dass viel Raum durch nicht mehr benötigte Parkflächen gewonnen wird.

Dennoch bleibt der Platz in den Städten begrenzt. Daran wird sich auch in Zukunft nichts Wesentliches ändern. Im Gegenteil, durch weitere Verdichtung wird sich das Problem verschärfen. Die alte Weisheit, man könnte die Straßen einfach breiter machen, allerdings bliebe dann kein Platz mehr für die Häuser, ist zeitlos gültig.

Wir werden also auch in Zukunft Massenverkehrsmittel brauchen. Aber diese werden – natürlich – ebenfalls autonom fahren. Ein Stadtbus mit 50, 100 oder 200 Plätzen wird immer eine geringere Fahr- und Aufstellfläche benötigen als ebenso viele noch so kleine Google-Cars.

Wir sehen also, dass die Gegenüberstellung von Individualverkehr und Öffentlichem Verkehr in Zukunft wenig Sinn macht. Echter Individualverkehr im heutigen Sinne, bei dem eine Person, ein Paar oder eine Familie in einem Fahrzeug sitzt, wird die Ausnahme sein. Selbst kleinere Fahrzeuge werden zu einer Art Sammeltaxi, bei dem sich mehrere Personen zusammentun, um Streckenabschnitte gemeinsam zurückzulegen. Das Internet und entsprechende Apps mit ihrer ausgeklügelten Software machen es möglich. Für den einen oder anderen mag das mit einer Wartezeit von im Bereich einzelner Minuten oder einem Umweg von einigen hundert Metern verbunden sein, aber es ist undenkbar, dass autonome Fahrzeuge in Zukunft mit durchschnittlich 1,5 Personen besetzt durch unsere Straßen rollen, so wie es heute von Menschem gefahrene Autos tun. Das lässt die Kapazität unserer Straßen in den Städten nicht zu. Denn auch autonome Fahrzeuge werden zunehmend Verkehrsraum an Radfahrer und Fußgänger abtreten müssen.

Aber auch die Vorstellung, dass nur noch große Linienbusse und Straßenbahnen unseren städtischen Verkehr beherrschen werden, ist ein Trugschluss. Diese sind bereits heute zu unflexibel und anfällig für Störungen. Ich persönlich sehe für die klassische Straßenbahn keine realistische Perspektive und bedauere, dass derzeit so viel Geld in dieses veraltete Verkehrsmittel investiert wird (dazu an anderer Stelle mehr). Autonome Busse unterschiedlicher Größe werden einen Großteil der städtischen Verkehrsleistung erbringen. Sie können dicht getaktet und bedarfsgerecht fahren. In Stoßzeiten sind das viele Fahrzeuge, in den Nebenstunden nur so viele, wie nötig. Ein fester Fahrplan ist dann nicht mehr notwendig. Es genügt, eine maximale Wartezeit festzulegen. So kann auch ein schwach besetztes Fahrzeug abfahren, wenn die Wartezeit mehr als 5 Minuten (oder eine andere frei definierbare Zeit) überschreitet.

Von der Straßenbahn kann man lernen, dass eigene Trassen auch autonomen Buslinien helfen. Dies wird insbesondere für eine Übergangszeit von Bedeutung sein. Denn solche Linien könnten bereits heute vollautonom (nach Level 5) eingerichtet werden, wenn sie auf hochregulierten Trassen (kreuzungsfrei oder mit entsprechenden Vorrangregelungen) verkehren würden.

In Heidelberg wird seit vielen Jahren darüber gestritten, ob der Bereich der Universität im Neuenheimer Feld mit

einer (teilweise neuen) Straßenbahnlinie an den Hauptbahnhof angebunden werden soll. Dies scheiterte bisher an den Einwänden der Forschungsinstitute, die eine
Störung ihrer empfindlichen Geräte durch die elektrischen
Felder der Straßenbahn befürchten. Die kurze Strecke von
etwa zwei Kilometern wäre ideal für den Betrieb autonomer Kleinbusse. Fahrzeuge mit einer Kapazität von etwa
20 Fahrgästen könnten hier flexibel, ohne festen Fahrplan und nach Bedarf verkehren. Ein Großteil der Strecke
ist bereits durch eine bestehende Straßenbahntrasse
erschlossen, der Rest ließe sich mit überschaubarem
Aufwand umbauen. Die wenigen Kreuzungen und
Abzweigungen könnten durch automatische Vorrang-
schaltungen bewältigt werden. Ein solches Projekt könnte
schnell und relativ kostengünstig realisiert werden. Am
teuersten wären die Fahrzeuge, die aber nicht an eine
bestimmte Strecke gebunden sind. Es besteht also nicht
die Gefahr, viel Geld in den Sand zu setzen. Zudem hätte
ein solches Leuchtturmprojekt eine überregionale Aus-
strahlung und könnte die Machbarkeit neuer, umwelt-
freundlicher Verkehrslösungen demonstrieren. Dieser
„Zwitter" zwischen IV und ÖV zeigt meiner Meinung
nach am besten, was der autonome Verkehr der Zukunft
leisten könnte. Und das Beste daran: Technisch wäre das
schon heute machbar. Wir müssten nicht fünf oder zehn
Jahre warten, bis ein Level 5-Fahrzeug jede beliebige Verkehrssituation meistern kann. In einem hochkontrollierten
Umfeld wie im vorliegenden Fall, könnten autonome
Kleinbusse schon jetzt ohne menschlichen (Sicherheits-)
Fahrer auskommen.

Doch auch Fahrzeuge mit vier bis acht Insassen
könnten einen erklecklichen Beitrag zur städtischen
Personenbeförderung leisten. Sollten diese dem
Individualverkehr oder dem Öffentlichen Verkehr
zugerechnet werden? Es wird deutlich, dass diese Unter-

scheidung wenig hilfreich ist. Dieses Fahrzeugsegment könnte von den Betreibern autonomer Flotten abgedeckt werden, aber auch die kommunalen Verkehrsträger könnten das übernehmen. Am besten wäre es wohl, wenn beide hier aktiv würden. Noch sehen die kommunalen Verkehrsbetriebe hier eine unfaire Konkurrenz, die sie am liebsten juristisch oder politisch bekämpfen. Davor warne ich. Will man dieses in Zukunft extrem wichtige Segment nicht ganz aufgeben, hält man auch in Zukunft am überholten Freund-Feind-Denken von IV und ÖV fest, vergibt man sich eine der größten Chancen, die der autonome Fortschritt bietet. Die Verkehrsunternehmen müssen sich dieser Herausforderung so früh wie möglich stellen und eigene Lösungen entwickeln. Sie haben das Know-how und auch die Mittel dazu. Mit jedem Jahr, in dem sie uneinsichtig an großen Gelenkbussen und Straßenbahnmonstern als Allheilmittel festhalten, geraten sie mehr und mehr ins Hintertreffen. Dann helfen tatsächlich nur noch Verbote und Vorschriften. Verlierer wären alle.

Auch die Automobilindustrie hat die Zeichen der Zeit noch nicht erkannt und sich noch nicht auf diese „neue Mitte" eingestellt. Größere Vans mit variabler Raumaufteilung und schnellem Ein- und Ausstieg werden die neuen Brot-und-Butter-Autos. Keine Nische, wie wir sie heute kennen, sondern das meistverkaufte und meistgenutzte autonome Fahrzeug der Zukunft. Auch darauf gilt es sich schnellstmöglich einzustellen.

Schienengebundener Verkehr

Der aufmerksame Leser fragt sich vielleicht schon seit einigen Seiten: Was ist eigentlich mit der Eisenbahn? Was ist mit der Schiene insgesamt, diesem Verkehrssystem mit der längsten Tradition, dem unbeschadet davon auch eine rosige Zukunft vorausgesagt wird?

Um es gleich vorweg zu sagen: *In einer Welt autonom fahrender Fahrzeuge wird die Schiene nach und nach ihre Daseinsberechtigung verlieren.*

Ich bin mir der Schwere dieses Urteils bewusst und weiß, dass diese Aussage den größten Widerspruch zu meinem Beitrag hervorrufen wird. Und ich weiß auch, dass ich damit dem Zeitgeist diametral entgegenstehe. Ich möchte auch betonen, dass es mir nicht leicht gefallen ist, zu dieser Schlussfolgerung zu gelangen. Ich war schon immer ein großer Freund der Bahn, und wenn man mich vor Jahren gefragt hätte, welches Verkehrssystem – Schiene

M. Lalli, *Autonomes Fahren und die Zukunft der Mobilität*, https://doi.org/10.1007/978-3-662-68124-4_8

oder Straße – sich in Zukunft durchsetzen wird, hätte ich ohne zu zögern die Schiene zum Sieger erklärt.

Doch leider wird es anders kommen. Das mag auch daran liegen, dass es heute Straßen in jeden noch so entlegenen Winkel des Landes und der Welt gibt. Gewaltige Investitionen wurden in den letzten 100 Jahren getätigt. Allein in Deutschland gibt es mehrere hunderttausend Kilometer Straßen.

Und doch ist der Siegeszug des straßengebundenen Fahrzeugs nicht allein auf die Beharrungskräfte des Faktischen zurückzuführen. Es gibt auch handfeste rationale Gründe, die für die Straße sprechen.

Versuchen wir uns dem Gegenstand von der anderen Seite zu nähern und fragen wir uns, welche Vorteile die Schiene bietet.

Der Hauptunterschied zwischen Schiene und Straße besteht darin, dass die Schiene eine *Führung* darstellt. Das Schienenfahrzeug muss (und kann) nicht gelenkt werden und rollt, von den Schienen geführt, immer in eine gegebene Richtung.

Daraus ergeben sich zahlreiche Vorteile.

Zum einen benötigt die Schiene schon rein baulich eine eigene Trasse, die sie weitgehend unabhängig von anderen Verkehrsträgern macht. Natürlich gibt es hier Ausnahmen (z. B. die Straßenbahn) und es gibt auch Konflikte (z. B. Bahnübergänge), aber man ist bestrebt, Schienensysteme möglichst unabhängig von anderen Verkehrssystemen zu betreiben.

Sind eigene Trassen, vorhanden, kommen die weiteren Vorteile der Schiene zum Tragen.

Die Fahrwege können durch den Einsatz eines Weichensystems automatisch angesteuert werden. Hinzu kommen Signalanlagen, automatische Bremsen usw. Moderne Züge steuern sich weitgehend selbst.

Schienenfahrzeuge auf eigenen Trassen können wesentlich länger sein als straßengebundene. Ein heutiger ICE kann als Doppelzug 400 m erreichen. Längere Züge bedeuten im Verhältnis weniger Fahrpersonal. Ein Überlandbus mit 50 Fahrgästen braucht heute genauso einen Fahrer wie ein Fernzug mit deren 900. Längere Züge bedeuten aber auch einen geringeren Flächenverbrauch, weil mehr Menschen gleichzeitig auf engem Raum befördert werden können. Ein ICE ist hier effizienter als 20 Busse auf der Autobahn.

Durch die Schienenführung sind zudem höhere Geschwindigkeiten möglich. Fährt der ICE3 von Frankfurt nach Köln seit vielen Jahren problemlos mit einer Reisegeschwindigkeit von 300 km pro Stunde – auf einer Strecke, die durch zahlreiche Kurven und erhebliche Höhenunterschiede geprägt ist – wird man sich auch zukünftige, modernste Busse auf unseren Autobahnen mit solchen Geschwindigkeiten kaum vorstellen können.

Der spezifische Energieverbrauch spielt ebenfalls eine immer größere Rolle. Züge sind im Vergleich zu bereiften Fahrzeugen wesentlich effizienter. Hier ist vor allem der deutlich geringere Rollwiderstand des Rad-Schiene-Systems zu nennen. Dieser Vorsprung schwindet allerdings, wenn man moderne Reisebusse dagegenhält.

Schienen auf eigenen abgesperrten Trassen bedeuten auch Sicherheitsvorteile. Durch die automatischen Steuerungs- und Kontrollmechanismen und die Abgeschlossenheit des Rad-Schiene-Systems wird die Eisenbahn zum sichersten Verkehrsmittel überhaupt oder konkurriert – je nach Berechnungsvariante – in dieser Kategorie nur noch mit dem sehr sicheren Flugzeug.

Aber natürlich birgt ein schienengebundenes Verkehrssystem auch inhärente Nachteile.

Die Schiene ist naturgemäß weniger flexibel als die Straße. Das liegt nicht nur daran, dass es weniger Schienen als Straßen gibt (siehe oben). Ein Automobil kann notfalls auf einen Feldweg ausweichen, ein Geländewagen sogar über einen Acker oder eine schlaglochgespickte Schotterpiste fahren. Züge können nur auf festgelegten Strecken verkehren, selbst der Übergang von einem Land in ein anderes wird durch unterschiedliche Technik und Spurbreiten zum Problem.

Auch der Vorteil des geringeren Flächenverbrauchs relativiert sich. Lässt man Züge sehr schnell fahren, dann vergrößern sich auch hier die Sicherheitsabstände. Bahntrassen sind ähnlich breit wie Autobahnen und zerschneiden die Landschaft kaum weniger.

Schon heute steht die Bahn im Wettbewerb mit dem Individualverkehr. Auf der anderen Seite wird sie vom Flugzeug und neuerdings auch von billigen Fernbussen angegriffen. Wie wird sich dieses fragile Gleichgewicht durch das Aufkommen autonom fahrender Straßenfahrzeuge verändern?

Wenn die Hauptfunktion der Schiene die *Führung* des Fahrzeugs ist, dann braucht man sie beim autonomen Fahrzeug nicht mehr, weil die Führung von der computerisierten Steuerung übernommen wird. Das ist so wahr wie einfach.

Betrachtet man die oben genannten Vorteile der Eisenbahn, so fällt auf, dass sie weitgehend mit denen des straßengebundenen autonomen Fahrzeugs übereinstimmen: Selbststeuerung, Personaleinsparung, Sicherheit, um nur die wichtigsten zu nennen.

Betrachten wir zunächst einmal den Fernverkehr der Zukunft anhand zweier Beispiele.

Nehmen wir erst einmal den lukrativen 1. Klasse-Bahnfahrer, der von Mannheim nach München zu einem geschäftlichen Meeting fährt.

Er kann sich einen Mercedes nach Hause bestellen, der ihn in drei Stunden sicher von Tür zu Tür bringt.

In dieser Zeit kann er die Beine hochlegen und Zeitung lesen, am Laptop eine Präsentation vorbereiten, fernsehen oder Radio hören, im Internet surfen oder ungestört telefonieren.

Alternativ dazu kann er sich von seinem Wohnort nach Mannheim zum Hauptbahnhof fahren lassen, dort auf den Zug warten, in den ICE nach München steigen und sich in München vom Hauptbahnhof zu seinem Ziel bringen lassen. Das dauert kaum weniger als vier bis fünf Stunden.

Natürlich kann er auch im Zug arbeiten und lesen. Er kann sogar auf die Toilette gehen, ohne anzuhalten, und, wenn er Glück hat, lernt er vielleicht einen netten Mitreisenden kennen.

Aber was glauben Sie, wofür sich unser Geschäftsreisender entscheiden wird?[1]

Nehmen wir andererseits den Studenten, der möglichst günstig von Mannheim nach München fahren will.

Er könnte auch mit dem Zug fahren (2. Klasse, vielleicht sogar zum Sparpreis). Oder er könnte zu einem Bruchteil des Preises mit einem autonomen Bus fahren. Der braucht vielleicht etwas länger und ist weniger komfortabel. Ach ja, die Wahl hat er heute schon und entscheidet sich immer öfter für den Bus. Aber autonome Busse werden billiger, flexibler und schneller sein als die heutigen. Wohin die Reise geht, lässt sich leicht erahnen.

Und nun denken wir an die mehrköpfige Familie, an den gehbehinderten oder auch nur etwas unsicheren Senior, an jemanden mit viel Gepäck. Wofür entscheiden sich all diese Menschen, wenn es um das Für und Wider

---

[1] Ein entscheidender Faktor bei diesem Beispiel sind natürlich die Kosten. Wir werden später sehen, dass eine solche Fahrt mit einem autonomen Fahrzeug preislich durchaus konkurrenzfähig sein wird.

einer Bahnreise geht? Und wer bleibt übrig? Wer ist prädestiniert, auch in Zukunft mit der Bahn zu fahren?

Ich weiß es ehrlich gesagt nicht, aber ich sehe keine Zielgruppe für die Bahn, die groß genug wäre, um ein solch komplexes Fernverkehrssystem erfolgreich zu betreiben.

Was bleibt? Schauen wir uns die guten alten Straßenbahnen an. Auch sie gibt es (von Tieren gezogen) seit mehreren Jahrhunderten. Wie wir gesehen haben, können sie durch autonome Stadtbusse ersetzt werden. Diese sind flexibler, brauchen nicht zwangsläufig eigene, aufwendige Trassen und können ohne Sicherheitsverlust in dichter Folge die Hauptlinien bedienen.

Alternative Antriebe und Ladetechniken werden den heutigen Vorteil der „Elektrischen" irgendwann kompensieren.

Neben der Straßenbahn und dem „normalen" Zug, gibt es drei Arten von Schienenfahrzeugen, die bereits heute eine wichtige Rolle als Verkehrsträger spielen und von denen man annimmt, dass sie in Zukunft noch an Bedeutung gewinnen werden. Auf diese möchte ich nun näher eingehen und kritisch hinterfragen, inwieweit sie konkret von einer autonomen Revolution betroffen sind.

1. U-Bahnen

Zum einen haben wir die U-Bahnen. Sie werden als Massenverkehrsmittel in den Großstädten unverzichtbar bleiben. Nur mit ihnen können täglich Millionen von Menschen auf engstem Raum bewegt werden.

Der Vorteil der U-Bahn entpuppt sich jedoch bei näherer Betrachtung nicht als Vorteil der Schiene, sondern als Vorteil einer zusätzlichen (z. B. unterirdischen) Verkehrsfläche. Ob auf dieser eigenen Trasse dann Schienen verlegt sein werden oder ob sich dort selbststeuernde Radfahrzeuge wie auf einer Straße bewegen, erscheint zweitrangig. Beides ist denkbar und ändert nichts an unseren Überlegungen. In Paris gibt es heute schon U-Bahnen, die auf dicken Gummirädern unterwegs sind. Würde man die Führungsschienen ganz weglassen, wären sogar Überholmanöver möglich.

Auch Monorails, wie man sie z. B. in Las Vegas oder Tokio bewundern kann, schaffen eine zusätzliche Verkehrsfläche. Sie sind vermutlich platzsparender als eine entsprechende Hochstraße, aber auch weniger flexibel, da sie nur von Spezialfahrzeugen befahren werden können. Ob sich diese isolierten Systeme durchsetzen werden, bleibt abzuwarten.[2]

2. S-Bahnen

Eine S-Bahn ist ein öffentliches Nahverkehrssystem, das in vielen deutschen Städten und einigen anderen Ländern zu finden ist. Der Begriff „S-Bahn" steht für „Stadtschnellbahn" oder „Stadtbahn" und bezeichnet ein Schienenverkehrssystem, das hauptsächlich in Ballungsgebieten eingesetzt wird.

Eine S-Bahn zeichnet sich durch folgende Merkmale aus:

- Streckennetz: S-Bahnen verkehren auf einem gut ausgebauten und elektrifizierten Streckennetz, das in der Regel oberirdisch verläuft. Die Streckenführung umfasst häufig innerstädtische Bereiche sowie Vororte und Umlandgemeinden.
- Taktung: S-Bahnen verkehren in regelmäßigen Abständen, meist im 10- bis 30-Minuten-Takt, manchmal auch häufiger. Sie bieten damit eine hohe

---

[2] In eine ähnliche Kategorie wie Monorails fallen auch Seilbahnen (siehe dort).

Taktfrequenz und ermöglichen den Fahrgästen, ein Reisen ohne lange Wartezeiten.

- Haltestellen: S-Bahnen bedienen eine Reihe von Haltestellen, die sich in dicht besiedelten Gebieten und an wichtigen Verkehrsknotenpunkten befinden. Oftmals teilen sich S-Bahnen die Haltestellen mit U-Bahnen oder Regionalzügen.
- Integration in den öffentlichen Nahverkehr: Die S-Bahn ist in das Gesamtnetz des öffentlichen Personennahverkehrs eingebunden. Das bedeutet, dass Fahrgäste mit einem Fahrausweis der jeweiligen Verkehrsverbünde nicht nur die S-Bahn nutzen können, sondern auch auf andere Verkehrsmittel wie Busse und Straßenbahnen umsteigen können.

Die genauen Merkmale und Ausprägungen einer S-Bahn können sich von Stadt zu Stadt und von Land zu Land unterscheiden, aber das Grundprinzip bleibt jedoch meist gleich: Sie bietet eine schnelle und effiziente Möglichkeit, den Personenverkehr in städtischen Gebieten und deren Umland auf der Schiene abzuwickeln.

S-Bahnen benötigen jedoch ein hohes Fahrgastaufkommen. Außerdem können sie nicht beliebig ins Umland der Ballungsräume verlängert werden, da mit zunehmender Zahl der Haltestellen die Beförderung irgendwann zu langsam und ineffizient wird. Sie sind also nicht die Lösung aller Verkehrsprobleme.

Sie leisten derzeit einen unverzichtbaren Beitrag zum ÖV im mittleren Entfernungsbereich. Inwieweit diese Verkehrsleistung von autonomen Straßenfahrzeugen wie Bussen übernommen werden kann, bleibt abzuwarten.

Ob neue S-Bahnen in Zukunft generell Sinn machen, ist dagegen eine andere Frage. Ein solches Verkehrssystem kostet viele Milliarden und wird über Jahrzehnte aufgebaut. Wenn es einmal da ist, so wie in vielen deutschen Metropolregionen, sollte es auch genutzt und mit Augenmaß ausgebaut werden. Für Länder und Ballungsräume, die noch nicht über ein solches System verfügen, erscheinen weniger zentralisierte Lösungen mit autonomen Straßenfahrzeugen sinnvoller.

3. Hochgeschwindigkeitszüge

Ob ein System von Hochgeschwindigkeitszügen[3] in Zukunft eine Chance hat, hängt dagegen von mehreren Faktoren ab.

Zum einen stellt sich die Frage, bis zu welcher Entfernung autonome Straßenfahrzeuge der Bahn im Fernverkehr überlegen sind. Dass dies der Fall ist, habe ich weiter oben zu zeigen versucht.

Von Mannheim nach München, also bis zu einer Entfernung von gut 300 km, scheint dies der Fall zu sein. Wie sieht es aber bei längeren Strecken aus?

Es ist davon auszugehen, dass das autonome Fahren auf der Straße bis zu einer Entfernung von 400 oder 500 km zeitliche Vorteile gegenüber dem Bahnfahren haben wird. Dies wird entscheidend davon abhängen, welche Höchstgeschwindigkeit dem autonomen Fahren in Zukunft zugestanden wird. Ich gehe davon aus, dass zumindest für eine Übergangszeit ein Tempolimit auf deutschen Autobahnen notwendig sein wird. In einem Mischverkehr von autonomen und nicht autonomen Fahrzeugen kann es keine beliebige Höchstgeschwindigkeit geben. Das würde sowohl Mensch als auch Maschine überfordern. Zudem spart ein Tempolimit nicht nur Energie, sondern erhöht auch die Kapazität der Autobahnen.

---

[3] Hier geht es, auch wenn nicht weiter ausgeführt, immer um Fernverkehr.

Auf der anderen Seite, also bei längeren Strecken, konkurriert die Bahn mit dem Flugzeug. Derzeit geht man davon aus, dass das Flugzeug ab einer Entfernung von 400 km gegenüber der Bahn zeitliche Vorteile aufweist.

Sie sehen, in der Zange zwischen autonomen Straßenfahrzeugen und dem Flugverkehr wird es eng für die Fernbahn. Sehr eng.

Nun könnte man sich ein Netz von Hochgeschwindigkeitsstrecken vorstellen, das, ähnlich wie in China, die Ballungszentren miteinander verbindet. Im Idealfall dürften diese Züge nur alle 500 km halten und müssten mit Geschwindigkeiten von deutlich über 300 Stundenkilometern unterwegs sein. Damit könnte die Bahn dem Flugzeug z. B. auf innereuropäischen Strecken Konkurrenz machen.

Aber ist das realistisch? Und ist es bezahlbar?

Der Bau einer Hochgeschwindigkeitsbahnstrecke dauert Jahre, in Deutschland sogar Jahrzehnte.[4] Sie ist exorbitant teuer und zerschneidet die Landschaft.

Unter dem Eindruck des sich verschärfenden Klimawandels soll nicht nur generell weniger geflogen werden, Ultrakurz- und Kurzstrecken sollen abgeschafft oder, wie in Frankreich, sogar verboten werden. Für diese wird eine Verlagerung auf die Schiene und hier insbesondere auf Hochgeschwindigkeitszüge angestrebt. Auch die Renaissance der Nachtzüge mit ihren Schlafwagen wird propagiert und auf manchen Strecken medienwirksam in Szene gesetzt. Dass der Flugverkehr in Zukunft zurückgehen wird, widerspricht allen Prognosen (dazu später

---

[4] Ein Beispiel aus Frankreich: Die Fertigstellung der Hochgeschwindigkeitsstrecke zwischen Mailand und Lyon auf französischer Seite ist für Mitte der 2040er Jahre geplant.

mehr). Und dass nächtliche Bahnfahrten im Schlafwagen eine ernsthafte Alternative zum ein- oder zweistündigen Flug werden, bleibt wohl nur der Wunsch einiger Bahnromantiker.

Übersicht:
Hochgeschwindigkeitszüge heute

Die weltweit größten Streckennetze für Hochgeschwindigkeitszüge befinden sich in China, Japan, Frankreich,
Spanien und Deutschland. Aber auch in vielen anderen
Ländern wird am Aufbau solcher Netze gearbeitet. Das
sind die heute geläufigsten Systeme:

ICE (Deutschland): Bis heute gibt es kein zusammen-
hängendes Hochgeschwindigkeitsnetz. Die Gesamtstrecke
beträgt 6.600 km, davon sind allerdings nur 2.800 km
für Geschwindigkeiten oberhalb 200 km/h tauglich.
Theoretisch können die Züge eine Reisegeschwindigkeit
von 300 km/h erreichen, de facto sind sie oft deutlich
langsamer. Die neuen ICE4 begnügen sich sogar mit einer
höchsten Reisegeschwindigkeit von 250 km/h. Der ICE
bedient (zu) viele Haltepunkte[1], er muss sich außerdem

[1] Der durchschnittliche Abstand zwischen zwei Haltepunkten beträgt ca. 70 km
(Die Entdeckung der Langsamkeit, Spiegel Online vom 25.09.2014). Das ist

die Strecke oft mit anderen, langsameren Zügen teilen. Die Folge ist eine im internationalen Vergleich hohe Unzuverlässigkeitsquote.

TGV (Frankreich): Mit dem japanischen nimmt das französische System eine Vorreiterrolle beim Schienenschnellverkehr ein. Das TGV-Netz misst 2.700 km und ist auf Paris ausgerichtet. Die Züge fahren mit rund 320 km/h und bedienen auch Ziele in Deutschland, Luxemburg, Spanien und der Schweiz. Ein Billigableger (TGV OUIGO) fährt auf ausgewählten Strecken (nur 2. Klasse).

AVE (Spanien): Das spanische Hochgeschwindigkeitsnetz ist gegenwärtig das zweitgrößte der Welt. Es umfasst 4.000 km und ist auf Madrid ausgerichtet. Es besteht fast ausschließlich aus Neubaustrecken ohne konkurrierenden, langsameren Verkehr und hat nur wenige Haltepunkte. Die Züge gehören zu den pünktlichsten überhaupt. Die Reisegeschwindigkeit beträgt 300 km/h.

Shinkansen (Japan): Japan gilt als Pionier des Hochgeschwindigkeitsverkehrs. Die erste Strecke von Tokio nach Osaka (515 km) wurde zu den Olympischen Spielen 1964 in Betrieb genommen. Das Streckennetz ist mit 2.800 km zwar relativ klein, verbindet aber alle größeren Städte und folgt der Geografie mit einer ausgeprägten Nord-Süd-Ausrichtung. Die Reisegeschwindigkeit liegt bei 320 km/h. Trotz der extrem kurzen Taktzeiten im Minutenbereich ist der Shinkansen sehr pünktlich. Er fährt auf die Sekunde genau.

---

im internationalen Vergleich sehr wenig. Außerdem werden (aus politischen Gründen) auch Städte angefahren, deren Anbindung nicht erforderlich wäre. So hält ein ICE regelmäßig in Montabaur (12.500 Einwohner) oder in Oldenburg in Holstein (9.700 Einwohner). Die Gemeinde Züssow, ein weiterer ICE-Halt, kommt sogar auf nur 1.300 Einwohner.

CRH (China): China hat sein Schnellbahnnetz in atemberaubendem Tempo ausgebaut. In den letzten Jahren sind jährlich mehrere tausend Kilometer neue Strecken entstanden. Derzeit sind es rund 38.000 km. Damit verfügt China über mehr Streckenkilometer als der Rest der Welt zusammen. Ein Großteil der Metropolen (vor allem im Osten) ist bereits angeschlossen. Die Reisegeschwindigkeit beträgt bis zu 380 km/h.

Seilbahnen

Obwohl Seilbahnen wie Schienenfahrzeuge im weitesten Sinne auch geführte Fahrzeuge sind, glaube ich, dass sie in Zukunft eine immer wichtigere Rolle im städtischen Verkehr spielen werden. Sie bieten so viele Vorteile, dass sie sich zumindest in bestimmten städtischen Topografien durchsetzen werden. Dazu gehören vor allem große Höhenunterschiede und schwer zu überwindende Barrieren wie Flüsse und Seen. Außerdem ist die wichtigste Funktion des Seils oder der Seile nicht die Führung. Sie sorgen schlicht dafür, dass die Gondeln nicht zu Boden fallen.

Inzwischen gibt es auch „autonome" Seilbahnen. Damit meine ich nicht, dass man bei diesen Bahnen ohne Personal an den Stationen auskommt – das gibt es auch – die Gondeln selbst fahren nicht auf einer vorgegebenen Strecke, sondern können individuell Abzweigungen nehmen und unterschiedliche Stationen anfahren. Man

M. Lalli, *Autonomes Fahren und die Zukunft der Mobilität*, https://doi.org/10.1007/978-3-662-61812-7_10

steigt z. B. an der Talstation ein und lässt sich zu einem bestimmten Endpunkt fahren. Die nächste Gondel hat dann möglicherweise ein anderes Ziel. Das funktioniert nach dem jeweils aktuellen Bedarf auf den verschiedenen Strecken.

Im Jahr 2023 fand in Mannheim die Bundesgartenschau (BuGa) statt. Für mich war das eine gute Gelegenheit, die eigens für diese Veranstaltung installierte Seilbahn ausgiebig zu testen. Zuvor stand diese im niederländischen Almere und beförderte die Besucher der Blumenschau Floriade. Auch in Mannheim wird die Seilbahn nicht auf Dauer stehen bleiben. Nach der BuGa wird sie woanders hinkommen. Daraus kann man schon einmal lernen, dass eine solche Seilbahn relativ einfach (innerhalb weniger Monate) auf- und wieder abgebaut werden kann.

Die Mannheimer Seilbahn verband die beiden wichtigsten Ausstellungsflächen und überquerte dabei den Neckar. Sie überwand eine Entfernung von gut zwei Kilometern und benötigte dafür sieben bis acht Minuten. Sie verfügte über 64 Gondeln mit einer Kapazität von je 10 Passagieren. Ihre Kapazität wurde offiziell mit 2800 Personen pro Stunde und Richtung angegeben. Ich konnte mich selbst davon überzeugen, dass die Gondeln in Spitzenzeiten im Abstand von sechs (!) Sekunden fuhren. Daraus lässt sich eine maximale Kapazität von 6000 Personen pro Stunde für jede Richtung errechnen.

An diesem Beispiel lassen sich bereits die Vorzüge einer städtischen Seilbahn aufzeigen:

- Seilbahnen lassen sich relativ günstig errichten und können ohne großen Aufwand abgebaut und an anderer Stelle wieder aufgebaut werden.
- Sie haben eine sehr hohe Beförderungskapazität. Sie können diese über viele Stunden aufrechterhalten. Im Prinzip könnten sie Tag und Nacht in Betrieb sein.

- Seilbahnen überwinden Flüsse, Erhebungen und andere Hindernisse, ohne dass sie Brücken und Tunnel bedürfen.
- Im Vergleich zu Bus und Straßenbahn ist eine Seilbahn relativ schnell. Nur U- und S-Bahnen legen solche Distanzen schneller zurück.
- Die Kosten für die Beförderung einer Person sind vergleichsweise gering.
- Sie sind leise und umweltfreundlich, da sie vor Ort keine direkten Emissionen verursachen und somit zur Verringerung der Luftverschmutzung in den Städten beitragen.
- Sie stellen eine touristische Attraktion dar und bieten den Fahrgästen einen beeindruckenden Blick auf die Stadt.
- Seilbahnen haben einen geringen Platzbedarf.
- Sie schaffen eine neue, zusätzliche Verkehrsfläche abseits der bestehenden Verkehrswege.

Seilbahnen haben natürlich auch Nachteile. Während es kein Problem ist, die Endstationen ebenerdig anzulegen, müssen die Zwischenstationen in der Regel höher liegen, was entsprechende Aufgänge erfordert. Auch sind nicht alle Arten von Seilbahnkabinen für alle Verkehrsteilnehmer gleichermaßen zugänglich (Rollstuhlfahrer, Gehbehinderte etc.). Eine Barrierefreiheit ist nicht automatisch gegeben. Und es gibt Menschen, die aufgrund von Höhenangst[1] eine Seilbahn nicht benutzen würden. In Ländern wie Deutschland kommt hinzu, dass das „Überfliegen" von Grundstücken und Häusern der Anwohner rechtlich problematisch ist. Dies schränkt die möglichen

---

[1] Davon sind ca. 3–5 % der Bevölkerung betroffen.

Trassen stark ein.[2] In Mannheim hat sich zudem bestätigt, dass Einseilumlaufbahnen anfällig für starke Winde sind. Bei Gewitter- und Sturmwarnungen musste der Betrieb deshalb stunden- oder gar tageweise eingestellt werden.

- Mexico-City: Hier wird seit einigen Jahren verstärkt auf Seilbahnen gesetzt. Der Moloch Mexico-Stadt hat 9 Mio. Einwohner, die Metropolregion sogar mehr als 21 Mio. Die Straßen sind Tag und Nacht verstopft, Dauerstaus sind an der Tagesordnung. Es dauert Stunden, um sich in der Stadt über eine längere Strecke fortzubewegen. Trotz U-Bahn, S-Bahn und Straßenbahn steht der öffentliche Verkehr vor schier unlösbaren Aufgaben. Hier hat die Seilbahn in wenigen Jahren den Durchbruch geschafft. Vier Linien mit einer Gesamtlänge von mehr als 30 km befördern täglich mehrere 100.000 Menschen (Mexicable und Cablebús). Positiver Nebeneffekt: Im Bereich der neuen Seilbahn-stationen ist die Kriminalität zurückgegangen und eine neue Urbanität entstanden. Ein weiterer Ausbau ist geplant.
- La Paz (Bolivien): Diese Seilbahn ist eine der bekanntesten der Welt. Die Mi Teleférico verbindet die Hauptstadt mit der Nachbarstadt El Alto. Das Netz besteht insgesamt aus 10 Linien mit einer Länge von über 30 km. Täglich werden mehr als 300.000 Fahr-gäste befördert. Mexico und Bolivien verfügen damit über die beiden längsten Seilbahnnetze der Welt. Die Seilbahn in La Paz wurde bereits früh in Betracht gezogen, die erste Linie aber erst im Jahr 2014 eröffnet.

---

[2] So würde die geplante Trasse in München an einer stark befahrenen Straße entlang führen, dem Frankfurter Ring. Eine Machbarkeitsstudie rät übrigens inzwischen davon ab.

Die engen Straßen und die Topografie (große Höhen-unterschiede) machen dieses Verkehrsmittel zum idealen Transportmittel in der dicht besiedelten Region.

- Medellin (Kolumbien): Diese Seilbahn hat weltweit die längste Tradition im innerstädtischen Verkehr. Die erste Linie wurde im Jahr 2004 eröffnet. Die Metrocable verbindet zwei Elendsviertel in den Bergen mit der Stadt und verkürzt die Fahrzeit erheblich. Statt mit mehreren verschiedenen Buslinien und einer Fahrtdauer von zwei Stunden ist man nun in 30 min im Zentrum. Inzwischen gibt es mehrere eigenständige Linien mit einer Gesamtlänge von rund 15 km. Durch die bessere Anbindung der Armenviertel an das Stadtzentrum hat die Seilbahn auch große soziale Auswirkungen. Die Menschen finden leichter Arbeit. Die Kriminalität ist zurückgegangen und die ehemals abgehängten Viertel erleben einen Aufschwung.

Neben diesen großen und vorbildlichen Verkehrslösungen gibt es auch kleinere Seilbahnen, die einen gewissen Bekanntheitsgrad erreicht haben:

- London: Zu den Olympischen Spielen 2012 wurde eine gut einen Kilometer lange Seilbahn über die Themse gebaut. Sie heißt heute IFS Cloud Cable Car nach dem neuen Sponsor Industrial and Financial Systems.[3] Sie hat keine große Bedeutung für den innerstädtischen Verkehr und dient eher touristischen Zwecken.
- Portland (Oregon, USA): Die Portland Arial Tram verbindet den südlich gelegenen Stadtteil South Waterfront mit der Universität. Eröffnet wurde sie 2006 und hat eine Länge von einem Kilometer.

---

[3] Bis 2022 hieß sie Emirates Air Line.

- New York City: Die Roosevelt Island Tramway ist, wie
  der Name schon sagt, eher eine fliegende Straßenbahn
  als eine normale Seilbahn. Die Gondeln fassen etwa
  110 Personen. Sie wurde 1975 eröffnet und im Jahr
  2010 komplett erneuert. Sie verbindet Roosevelt Island
  parallel zur Queensboro Bridge mit Manhattan (Länge
  knapp ein Kilometer). Insgesamt wurden auf dieser
  touristischen Linie bisher mehr als 30 Mio. Fahrgäste
  befördert.

In New York City ist derzeit eine Seilbahn mit großen
Gondeln über den East River in Planung. In einer ersten
Phase soll Manhattan mit Williamsburg (Brooklyn) verbunden werden. Zwei weitere Linien sollen später nördlich
und südlich davon zurück nach Manhattan führen. Ob
dieses Projekt realisiert wird, muss die Zukunft zeigen.

Flugverkehr

Dass es für das Flugzeug auf der Mittel- und Langstrecke gegenwärtig keine Alternativen gibt, mag man als gegeben voraussetzen. Schaut man sich jedoch die aufkommensstärksten Relationen z. B. ab dem Flughafen Frankfurt für das Jahr 2018 an, so erlebt man eine Überraschung.

An erster Stelle steht Berlin-Tegel mit rund 1.100.000 Passagieren Berlin-Tegel. Auf Platz 3 folgt Hamburg mit knapp 700.000 und auf Platz 5 München mit etwa 600.000. Auch die Destinationen auf den Plätzen 2, 4, 6 und 7 sind nicht weit entfernt (London, Wien, Madrid, Barcelona). Das erste und einzige Langstreckenziel unter den Top 10 mit fast 500.000 Passagieren pro Jahr ist Dubai (VAE).[1]

---

[1] Statistisches Bundesamt, Transport und Verkehr, Luftverkehr auf Hauptverkehrsflughäfen, 2019.

Das war die Situation vor Corona. Hat die weltweite Epidemie alles verändert? Ja und nein.

Im 2. Quartal 2020 kam es kurzfristig zu einem Einbruch der Passagierkapazität insbesondere auf der Langstrecke um bis zu 95 %,[2] Für das Gesamtjahr 2020 konnte man einen Rückgang der weltweiten Flugbewegungen um fast 60 %[3] beobachten. Die Hälfte aller Flugzeuge weltweit wurde geparkt, eingemottet oder stillgelegt. Nach einer vorsichtigen Erholung im Jahr 2021 erreichte das Passagieraufkommen im Jahr 2022 wieder drei Viertel des Vor-Corona-Niveaus. Für 2023 erwartet die ICAO, die Internationale Zivilluftfahrtorganisation, eine „vollständige und nachhaltige Erholung"[4]. Ab dem Jahr 2024 wird ein Wachstum von 4 % im Jahr prognostiziert. Das Deutsche Zentrum für Luft- und Raumfahrt geht von etwas niedrigeren Zahlen aus. Für den Sommer 2023 errechnet man weltweit und in Europa ca. 90 % der Flüge im Vergleich zu 2019. In Deutschland sollen es nur ca. 75 % sein[5].

Zusammenfassend kann gesagt werden, dass sich der Luftverkehr insgesamt schneller als erwartet von der Corona-Pandemie erholt hat. Bereits 2024 wird der „Normalzustand" wieder erreicht sein. Danach werden jährliche Wachstumsraten von gut 4 % erwartet. Dies entspricht dem Wachstum der Jahre 2000 bis 2019, das je nach Berechnungsvariante zwischen 4,3 und 4,5 % lag.

Die Tatsache, dass die Corona-Pandemie den Luftverkehr nicht nachhaltig verändert hat, ist sehr überraschend. Erwartet wurde ein deutlicher Rückgang der Geschäfts-

---

[2] Deloitte: COVID-19: Auswirkungen auf die Luftfahrtindustrie.

[3] Statista, 2023.

[4] Airliners.de vom 09.02.2023.

[5] DLR: Studie zu Flugreisen im Somme 2023 vom 25.04.2023.

reisenden über das Ende der Pandemie hinaus. Auch das Aus der touristischen Billigflüge war unter dem Eindruck steigender Energiepreise und eines wachsenden Umweltbewusstseins immer wieder ausgerufen worden.[6] Zudem sollten innerdeutsche Flugziele zunehmend durch Bahnreisen abgedeckt werden.

Tatsächlich sind die Flugpreise auf breiter Front und in allen Segmenten gestiegen. Das liegt aber weniger an den Energiekosten oder den Abgaben für den CO_2-Ausgleich, sondern schlicht daran, dass einer stark wachsenden Nachfrage kein ausreichendes Angebot gegenübersteht. So suchen heute fast alle Fluggesellschaften händeringend nach neuen Maschinen. Abgestellte und eingemottete Flieger haben bereits ihren Weg zurück in die Flotten gefunden. Selbst teure Vierstrahler wie die A380, die eigentlich „endgültig" aus dem Verkehr gezogen werden sollten, feiern eine willkommene Wiederauferstehung.

Man muss die Märkte allerdings differenziert betrachten: Auf der Langstrecke ist ein anhaltendes überdurchschnittliches Wachstum abzusehen. Die Fluggesellschaften bereiten sich darauf mit einer Vielzahl von Neubestellungen im Bereich der effizienten Zweistrahler vor (Airbus A330 und A350, Boeing 787 und 777).

Auch auf der Mittelstrecke, insbesondere in Europa, ist mit einem stabilen Wachstum zu rechnen. Allerdings wird es hier keine Rückkehr zu Billigstangeboten im einstelligen Eurobereich geben. One-Way-Ticketpreise um die 50 EUR werden die untere Grenze darstellen. Viel mehr als die Lockvogelangebote der Vor-Corona-Zeit, aber auch nicht so teuer, dass eine deutliche Dämpfung des Billigflugtourismus zu erwarten wäre.

---

[6]TUI-Chef Sebastian Ebel in einem ZDF-Interview am 27.05.2023.

Lediglich im innerdeutschen Luftverkehr ist mit einem deutlichen Rückgang zu rechnen. So fliegt die Lufthansa derzeit (Mitte 2023) 9 bis 10 Mal täglich von Frankfurt (FRA) nach Berlin (BER). Vor der Pandemie war die Kapazität auf dieser wichtigsten innerdeutschen Relation fast doppelt so hoch.[7] Auf anderen Strecken sieht es ähnlich aus, wobei die kürzeren noch stärker betroffen sind. Es zeichnet sich also tatsächlich eine Verlagerung des innerdeutschen Fernverkehrs auf die Schiene ab. Ob diese Entwicklung von Dauer sein wird, bleibt abzuwarten.[8] Es muss jedoch betont werden, dass Europa und insbesondere Deutschland im internationalen Vergleich eine Sonderrolle einnehmen. In anderen Ländern der Welt ist eine ähnliche Entwicklung nicht zu beobachten. Im Gegenteil der nationale Luftverkehr z. B. in China und Indien wächst exponentiell weiter. Nicht viel anders sieht es mit in den Schwellenländern im übrigen Asien und in Afrika aus.

Eine weitere aktuelle Entwicklung wird dem Luftverkehr neue Segmente erschließen. Mit Flugzeugen wie dem Airbus A321 XLR kommen nach und nach Maschinen auf den Markt, die deutlich längere Strecken zurücklegen können als herkömmliche Mittelstreckenjets.[9] Es sind Maschinen mit nur einem Mittelgang (Single-Aisle oder Schmalrumpf), die wie ihre kleineren Schwestern nur rund 200 Passagiere befördern können. Damit werden Punkt-zu-Punkt-Verbindungen möglich, die bisher mit

---

[7] Verlässliche Zahlen liegen derzeit nicht vor.

[8] Doch auch auf den innerdeutschen Strecken zeichnet sich eine Trendwende ab. So flogen im ersten Halbjahr 2023 deutlich mehr Ministeriumsmitarbeiter dienstlich innerhalb Deutschlands. Hier ist ein Anstieg um ein Drittel im Vergleich zu 2022 zu verzeichnen. (Der Spiegel vom 15.07.2023).

[9] Die A321 XLR (Extra Long Range) hat im Liniendienst eine Reichweite von bis zu 8700 km.

großen Langstreckenflugzeugen nicht wirtschaftlich bedient werden konnten (z. B. Transatlantikflüge zwischen mittleren Zentren).[10] Da diese Flugzeuge sehr sparsam sind, werden auch Billigflüge auf Strecken möglich, die bisher nicht von Billigfliegern angeboten wurden. Die A321 XLR hat sich zum Bestseller entwickelt. Mehr als 500 Exemplare wurden bereits bestellt.

Es sieht also nicht so aus, als würde der weltweite Luftverkehr in Zukunft zurückgehen. Im Gegenteil, wir kehren auf den Wachstumspfad der Vor-Corona-Ära zurück. Die Fluggesellschaften haben in den letzten Monaten bei den beiden dominierenden Flugzeugbauern Airbus und Boeing große Bestellungen für Langstrecken- und Mittelstreckenflugzeuge aufgegeben, die in den nächsten Jahren kontinuierlich abgearbeitet werden. Flottenerweiterungen sind überall im Gange. Gleichzeitig werden alte, ineffiziente Maschinen durch neue ersetzt. Die Verbrauchsvorteile der neuen Flugzeuggeneration gegenüber den heute eingesetzten Flugzeugen liegen in der Größenordnung von 25 %. Entsprechend geringer ist der CO_2-Ausstoß. Zudem sind die neuen Flugzeuge deutlich leiser.

Die Steigerung der Treibstoffeffizienz führt sogar zu paradoxen Entwicklungen. Ultralangstrecken, die bisher wegen des hohen Treibstoffverbrauchs und Treibstoffgewichts nicht wirtschaftlich zu betreiben waren, erleben eine Renaissance und versprechen eine rosige Zukunft. So will Qantas ihr Projekt *Sunrise* wieder aufnehmen und von Sydney und Melbourne nonstop nach London oder New York fliegen. Zum Einsatz kommt der neue und sparsame Airbus A350-1000 ULR (mit entsprechenden Zusatztanks), der dann 20 h am Stück in der Luft sein

---

[10] AeroReport vom Juli 2022.

wird.[11] Hier geht es um Streckenlängen von 15.000 Kilometern und mehr. Andere Fluggesellschaften wie Singapur Airlines haben entsprechende Pläne.

Um auf den innerdeutschen Vergleich zwischen Flugzeug und Bahn zurückzukommen, kann man also mit einigem Recht behaupten, dass Kurzstrecken zwischen 400 und 500 km für den Luftverkehr keine unbedeutende Nische darstellen, sondern zu den Hauptrelationen gehören. Und es gibt bzw. gab noch kürzere Strecken. So fliegt die Lufthansa auch regelmäßig Ultrakurzstrecken wie z. B. von Frankfurt nach Düsseldorf.

Hier muss jedoch differenziert werden. Während viele Kurzstrecken wie z. B. Frankfurt-Berlin, Frankfurt-Hamburg oder Frankfurt-München eigenständige Flugsegmente darstellen (ca. 70 %), handelt es sich bei den Ultrakurzstrecken fast ausschließlich um Zubringerflüge (gut 90 %).[12]

Die Gründe, warum die Intermodalität der Verkehrsträger auf diesen kürzesten Distanzen nicht funktioniert, sind vielfältig. Trotz eines umfangreichen Rail&Fly-Angebots bevorzugen viele Passagiere den kurzen Hüpfer von und zu den großen Drehkreuzen.

Dies gilt vor allem für ausländische Fluggäste, denen Bahnreisen suspekt oder zu umständlich sind. Aber auch inländische Passagiere ziehen das Flugzeug dem Zubringerzug vor.

So nutzten im Jahr 2014 weniger als ein Viertel aller Flugpassagiere Schienenverkehrsmittel für die direkte Anreise zum Flughafen. Von diesen Schienenverkehrsmitteln entfiel zudem der weitaus größte Teil auf S-, Regional-, U- und Straßenbahnen, also Schienenfahr-

---

[11] Flugrevue online vom 24.02.2023.
[12] Bundesverband der Deutschen Luftverkehrswirtschaft, 2, 2018.

zeuge, die eher auf kurzen Strecken verkehren. ICE/IC-Züge wurden nur von etwas mehr als 3 %[13] aller Flugreisenden für die unmittelbare An- und Abreise zum Flughafen genutzt.[14]

Das Haupthindernis für eine stärkere Nutzung von Fernverkehrszügen ist die Erreichbarkeit der innerstädtischen Bahnhöfe. Hier sind Anfahrten mit zusätzlichen Verkehrsmitteln notwendig. Zudem wird das Mitführen von schwerem Gepäck als problematisch angesehen. Am Zubringerflughafen hingegen kann man seine schweren Koffer direkt aufgeben und bis zum Zielort durchchecken lassen.

Wenn also schon die Ultrakurzstrecke für die Bahn ernüchternde Resultate hinsichtlich der Umsteigebereitschaft der Passagiere liefert, so sieht es bei eigenständigen Fahrten ab 400 km nicht viel anders aus.

Abgesehen von einigen Erfolgen auf den Strecken von Frankfurt oder Stuttgart nach Paris, wo die Bahn durch den Einsatz von Hochgeschwindigkeitszügen (ICE und TGV) zunehmend in Konkurrenz zum Luftverkehr tritt, ist die Bereitschaft das Flugzeug zu nutzen auf Strecken ab 500 km hoch.

Verschiedene Modellrechnungen zeigen zudem, dass sich die Bilanz auf diesen (längeren) Strecken zunehmend zugunsten des Flugzeugs verschiebt. Dies gilt nicht nur für die effektive Fahrtdauer, sondern beispielsweise auch für die umweltrelevanten Faktoren (Treibstoff- und Flächenverbrauch, Lärm etc.). Diese Entwicklung wird sich

---

[13] Bezogen auf die gesamte Reise ist der Anteil der Fernzüge allerdings etwas höher, da ohne direkten Fernverkehrsbahnhof am Flughafen für die letzte Etappe häufig auf S-Bahnen oder andere Verkehrsmittel umgestiegen wird.

[14] https://www.airliners.de/intermodalitaet-bahn-flugzeug-probleme-apropos/38054

durch den Einsatz von immer moderneren, verbrauchsoptimierten und lärmreduzierten Fluggeräts fortsetzen.

Es ist daher nicht zu erwarten, dass sich in Europa ein schienengebundenes Hochgeschwindigkeitsnetz gegenüber dem Flugzeug durchsetzen wird. Dagegen sprechen die hohen Kosten, die langen Planungs- und Bauzeiten, die geringe Flexibilität und die schwindenden Vorteile in der Umweltbilanz.

Aber auch die Luftfahrtindustrie hat die Zeichen der Zeit erkannt. Die wichtigsten Luftfahrtverbände haben kürzlich ein Papier veröffentlicht, in dem sie das klimaneutrale Fliegen bis zum Jahr 2050 ankündigen.[15]

Nun ist Fliegen naturgemäß viel schwieriger CO_2-frei zu realisieren als der Straßen- oder gar der Schienenverkehr. In der Luft ist Gewicht alles, und eine Elektrifizierung ist wegen des Gewichts der Batterien nur in sehr engen Grenzen möglich. Folgende Strategien werden verfolgt:

- Einsatz von sogenannten SAF-Treibstoffen (Sustainable Aviation Fuels), d. h. synthetischen Treibstoffen auf Basis biologischer Ressourcen oder (grünem) Wasserstoff.
- Elektro- oder Hybridantriebe für leichte Kurzstreckenflugzeuge.
- Ab der Mitte der 2030er Jahre soll eine neue Generation wasserstoffbetriebener Flugzeuge zur Verfügung stehen, die mit neuem Design und neuen Turbinen das Fliegen klimaneutral machen.

---

[15] Frankfurter Rundschau vom 09.03.2023.

Das klingt sehr optimistisch. Wenn man bedenkt, dass eine Flugzeuggeneration 25 bis 30 Jahre im Einsatz ist[16] und von den neuen Wunderfliegern nur unverbindliche Skizzen existieren, muss man kein Prophet sein, um vorherzusagen, dass es wesentlich länger dauern wird, bis das Fliegen insgesamt klimaneutral ist.[17] Die SAF werden den ersten Schritt machen müssen. Das geht am schnellsten.[18]

Seit Mitte 2023 gilt in der Europäischen Union die Verordnung ReFuelEU Aviation zur Förderung nachhaltiger Flugkraftstoffe. Sie schreibt Mindestanteile an SAF vor. Es beginnt 2025 mit 2 %, dann 2030 mit 6 %, 2035 sollen es 20 % sein, 2040 34 %, 2045 45 %, um schließlich 2050 auf 75 % zu steigen.[19] Doch auch damit wird man im Jahr 2050 nicht klimaneutral sein, wenn nicht zahlreiche weitere Flugzeuge mit Elektro- oder Wasserstoffantrieb in der Luft sein werden. Zudem gilt diese Verordnung nur für die EU, hat also die bekannten Schlupflöcher, mit denen sie international umgangen werden kann. Zweifelhaft ist auch, ob es gelingen wird, SAF in dieser Größenordnung zur Verfügung zu stellen. Aber ein Anfang ist gemacht.

Zum Schluss dieses Kapitels wollen wir der Frage nachgehen, ob auch zivile Passagierflugzeuge in Zukunft autonom fliegen werden. Auch hier ist die Antwort ein klares Ja. Tatsächlich ist die Automatisierung im Luftverkehr viel weiter fortgeschritten als im Straßenverkehr. Flug-

---

[16] In der Pipeline der Flugzeughersteller befinden sich derzeit mehr als 10.000 Maschinen, die mit herkömmlichen Turbinen bestückt sind. Sie sollen in den nächsten zehn Jahren ausgeliefert werden.

[17] Es wird also mindestens bis 2065 dauern, eher länger, bis ein Großteil der konventionell betriebenen Flugzeuge ausgemustert wird.

[18] Immerhin sind die Emissionen der deutschen Fluggesellschaften pro Personenkilometer seit 1990 bereits um 43 % gesunken. Quelle: BDL und BDLI.

[19] Flug Revue vom Juli 2023.

zeuge können heute vollautomatisch starten, sie können ohne menschliche Hilfe landen, und sie können auch auf der Flugstrecke zwischen Start und Landung computergesteuert navigieren. So hat Airbus bereits seit 2019 mit dem Projekt ATTOL (Autonomous Taxing, Take-Off & Landing) demonstriert, dass eine A350 alle Flugphasen und auch das Rollen am Boden autonom bewältigen kann.

Die weitere Reduzierung der Cockpitbesatzung ist daher der nächste logische Schritt. In absehbarer Zeit werden wir das Ein-Piloten-Cockpit erleben. Denn selbst wenn der Pilot wegen Unwohlsein oder aus anderen Gründen ausfällt, kann der Computer die Maschine jederzeit sicher landen. Wie lange wir auf das unbemannte Cockpit warten müssen, ist eine andere Frage. Es ist wie beim Auto: Die alltäglichen Flugsituationen sind leicht zu beherrschen. Es sind die sehr seltenen Notsituationen, in denen mehrere unerwartete Faktoren zusammenkommen, die die Erfahrung, Intuition und Kompetenz eines menschlichen Piloten erfordern.[20]

„Autonomie wird irgendwann in allen Flugzeugen Einzug halten", sagte Boeing-Chef Dave Colhoun anlässlich der Auslieferung der letzten 747-8i Anfang 2023 in Everett.[21] Das Problem ist psychologischer Natur. Man weiß nicht, ob Flugpassagiere sich damit anfreunden

---

[20] Am 4. November 2010 ereignete sich kurz nach dem Start in Singapur ein folgenschwerer Unfall mit einer A380 der Qantas. An Triebwerk Nummer 2 kam es zu einem sogenannten *uncontained engine failure*. Das Rolls Royce Trent Triebwerk explodierte, Trümmerteile durchschlugen die linke Tragfläche an vier Stellen. Das hatte weitere Ausfälle und Störungen etwa beim Hydrauliksystem zur Folge. Zufälligerweise befanden sich an Bord dieser Maschine neben der normalen Besatzung weitere erfahrene Qantas-Piloten. Zu fünft brauchten sie eine knappe Stunde, um das Flugzeug unter Kontrolle zu bekommen und die Maschine anschließend sicher zu landen. Man war sich später einig, dass man knapp einer Katastrophe entgangen war. Hätte ein automatisches System genauso besonnen gehandelt? Vermutlich nicht.

[21] Blick om 05.02.2023.

können, ohne menschliche Piloten in der Luft zu sein.[22] Deshalb werden zunächst die Frachtflugzeuge den Anfang machen. Früher oder später wird das unbemannte Fliegen aber auch im zivilen Passagierverkehr Einzug halten.

---

[22] Als Boeing in den 60er Jahren wegen der zahlreichen Abstürze über eine Rettungskapsel für die Piloten nachdachte, gab es einen Aufschrei. Piloten sollten nicht bevorzugt werden, sie sollten den gleichen Gefahren wie die Passagiere ausgesetzt sein. Das Projekt scheiterte damals also an der mangelnden Akzeptanz. Noch heute ist die beste vertrauensbildende Maßnahme für den Passagier, dass er weiß, dass der Pilot das gleiche Schicksal mit ihm teilt. Das wäre anders, wenn es keinen Piloten mehr gäbe oder wenn dieser die Maschine aus seinem Home-Office steuern würde.

Frachttransport

Vielschichtiger wird die Betrachtung, wenn nicht Personen, sondern Güter die eigentliche Transportleistung darstellen. Zumal hier die unterschiedlichsten Aufgaben zu bewältigen sind.

Neben dem eigentlichen Güterverkehr sind auch gewerbliche Transporte zu berücksichtigen, die sowohl Menschen als auch Waren gleichzeitig befördern. So muss der Handwerker Werkzeug, Fliesen, Platten, Rohre und was er sonst noch für seine Arbeit vor Ort benötigt, mitnehmen. Auch beim reinen Warentransport kann eine menschliche Begleitung sinnvoll sein, denn irgendwann muss auch ausgeladen und zum Beispiel ein Paket dem Empfänger übergeben werden. Wann Roboter dazu in der Lage sein werden, ist ungewiss.

Dass konventionelle Lkw relativ schnell automatisiert werden, scheint dagegen eine ausgemachte Sache. So hat Daimler bereits vor einiger Zeit damit begonnen, selbst-

M. Lalli, *Autonomes Fahren und die Zukunft der Mobilität*, https://doi.org/10.1007/978-3-662-68124-4_12

fahrende Lkw auf deutschen Autobahnen zu testen. In den USA ist man schon weiter. Dort haben Trucks mit Autopilot der Freightliner Inspiration bereits die Straßenzulassung erhalten. Martin, Daum, Chef von Daimler Trucks USA, orakelte bereits 2015, dass autonome Lkw bis 2025 serienreif sein werden.[1] Heute, acht Jahre später, muss diese Prognose (noch) nicht korrigiert werden.

Es gibt bereits Anwendungen, bei denen autonome Lkw im Einsatz sind. Im schwedischen Kristenberg zum Beispiel fahren seit 2016 automatisierte Lkw in einer Erzmine. Ebenfalls in Schweden werden versuchsweise autonome Müllfahrzeuge bei der Müllabfuhr eingesetzt. In Brasilien helfen selbstfahrende Lastwagen bei der Ernte. Das sind alles eher einfache Aufgaben abseits des öffentlichen Verkehrs. Größere Modellversuche unter realen Bedingungen laufen derzeit bei Tesla mit den neuen Semi-Truck, bei Waymo, Uber Freight, Einride und TuSimple.

Die Anforderungen an das automatisierte Fahren auf Autobahnen erscheinen relativ gering. Ein Lkw mit geringerer Dauergeschwindigkeit und nur gelegentlichen Spurwechseln ist hier gegenüber dem Pkw deutlich im Vorteil. Bei gleichmäßigem Verkehrsfluss kann zukünftig vielleicht sogar ganz auf Überholmanöver verzichtet werden.

Automatisierte Lkw werden also schon in wenigen Jahren zum Alltag auf deutschen Autobahnen gehören. Das Auf- und Abfahren auf die Autobahn wird natürlich auch dann noch von einem menschlichen Fahrer bewältigt werden müssen. Aber insgesamt wird der Computer den Fahrer erheblich entlasten. Studien zeigen, dass der

---

[1] Handelsblatt vom 06.05.2015.

Stress im Fahrerhaus durch die Automatisierung deutlich abnimmt.

Auch längere „Lenkzeiten" erscheinen möglich, wenn die stundenlange monotone Autobahnfahrt ohne menschliches Zutun erfolgt. Die Fahrt auf der Autobahn macht den überwiegenden Teil der zurückgelegten Gesamtstrecke aus.

Wenn der Fahrer in Zukunft während der Fahrt lesen, fernsehen oder sogar schlafen kann, könnte die Automatisierung zu einem völlig veränderten Berufsbild führen. Die Fahrerkabine könnte zu einem alternativen Büro werden, in dem der Fahrer verschiedene Aufgaben, z. B. in der Disposition, erledigt.

Auch wenn die Zukunft des Berufskraftfahrers kurzfristig eher rosig aussieht, darf dies nicht darüber hinwegtäuschen, dass auch er auf lange Sicht überflüssig werden wird. Spätestens dann, wenn menschenähnliche Roboter körperliche Arbeiten rund um den Gütertransport übernehmen können, wird auch dieser Berufszweig aussterben.[2]

Aber auch in einer Welt selbst gesteuerter Güterströme sind die Probleme, die mit der stetigen Zunahme der transportierten Gütermengen und der dabei zurückgelegten Entfernungen verbunden sind, nicht gelöst.

Schon heute dominieren Lkw an normalen Werktagen das Bild auf unseren Autobahnen. Die langfristige Verkehrsprognose 2010–2030 geht davon aus, dass der gesamte Güterverkehr (Tonnenkilometer) bis zum Jahr 2030 um fast 40 % gegenüber dem Jahr 2010 zunehmen wird. Dabei soll der Anteil der Straße zugunsten der

---

[2] Die Branche leidet derzeit unter Personalmangel. Fahrerinnen und Fahrer werden händeringend gesucht. Das wird die Automatisierung weiter beschleunigen.

Schiene leicht zurückgehen. Letztere Vorhersage hat sich bisher nicht bestätigt.[3]

Dieser Effekt wird noch deutlicher, wenn man das Jahr 2050 betrachtet. Im Vergleich zu 2019 wird auf der Straße eine Zunahme des Güterverkehrs um 54 % erwartet. Auf der Schiene werden nach diesen neuesten Zahlen 33 % mehr Tonnenkilometer vorhergesagt. Auch das ist ein starkes Wachstum, aber bei weitem nicht so stark wie erwartet und gewünscht.[4] Zudem ist fraglich, ob sich diese optimistischen Prognosen für die Schiene eintreffen werden. Die Schere zwischen Schiene und Straße öffnet sich also weiter. Das zeigen auch die folgenden Zahlen.

Während Länder wie die Schweiz und die baltischen Staaten einen hohen Anteil der Schiene am Güterverkehr aufweisen, ist der Schienengüterverkehr im übrigen Europa, gemessen an den relativen Anteilen, rückläufig. Das Statistische Bundesamt meldet im März 2023: „Güterverkehr in der EU: Keine Verlagerung auf Bahn und Schiff". EU-weit lag der Anteil der Schiene bei 17 %, die Binnenschifffahrt hielt 6 %. Der Anteil des straßengebundenen Güterverkehrs stieg auf 77 %. Im Jahr 2011 waren es noch 74 %. Zwischen den einzelnen Ländern gibt es zum Teil deutliche Unterschiede. Schlusslicht ist Spanien mit einem Schienenanteil von 4 %. Spitzenreiter ist Österreich mit 30 %, Italien und Frankreich haben 13 bzw. 11 %. Deutschland rangiert mit 19 % im Mittelfeld.

Die Automatisierung des Lkw wird die Anbieter schienengestützter Transporte weiter unter Druck setzen.

---

[3] BMDV: Verkehrsprognose 2030, Aktualisierung vom 29.08.2022.
[4] Stern vom 22.02.2023, Verkehrsprognose 2050: Lkw-Verkehr nimmt weiter zu.

Spätestens wenn einzelne Länder ganz aus dem System aussteigen, wird die Straße alternativlos.

Es ist daher davon auszugehen, dass langfristig auch bisherige Schienentransporte auf die Straße verlagert werden. Ob es dann Ausnahmen geben wird, z. B. für Kohle oder chemische Zwischenprodukte, bleibt abzuwarten. Aber auch hier kann (und wird?) die Politik regulierend eingreifen. Vielleicht bleibt uns der Schienengüterverkehr noch länger erhalten.

Einige Experten gehen davon aus, dass das autonome Fahren zu einer Kapazitätssteigerung des Systems Straße von 20 % und mehr führen wird. Eine Studie des US-Militärs geht sogar davon aus, dass die US-Highways bis zum Vierfachen (!) des heutigen Verkehrsaufkommens bewältigen könnten.

Auch wenn das automatisierte Fahren dazu beiträgt, die Kapazitäten der Straße rationeller zu nutzen – z. B. durch engere Fahrspuren, gleichmäßigere Geschwindigkeiten, kürzere Abstände usw. – wird der zusätzliche Güterverkehr das Straßennetz in Zukunft stark belasten. Neben der bereits erwähnten Zunahme des Lkw-Verkehrs um 54 % bis zum Jahr 2050 können langfristig weitere erhebliche Anteile des Güterverkehrs von der Schiene auf die Straße verlagert werden.

Ob das so genannte Platooning eine Lösung für den zunehmenden Lkw-Verkehr darstellt, wage ich zu bezweifeln. Die Idee dahinter ist, dass die Lastwagen in möglichst geringem Abstand hintereinander fahren und sich gegenseitig Windschatten geben. Das soll den Verbrauch senken und den Platzbedarf auf der Straße verringern. Außerdem sollen die Sicherheit erhöht und die Fahrer entlastet werden. Der „Platoon-Leader" wird mit Micropayments entschädigt und kann in regelmäßigen Abständen ausgetauscht werden. Echtes autonomes Fahren ist nicht erforderlich. Die Fahrzeuge kommunizieren lediglich miteinander, Assistenzsysteme sorgen für die Einhaltung der Abstände.

Für eine Übergangszeit mag das funktionieren. Aber der Nutzen ist gering und der Aufwand groß. Außerdem stehen die wirklich autonomen Lastkraftwagen vor der Tür. Die sind wesentlich flexibler einsetzbar. Doch natürlich wird man in Zukunft auch ganz ohne Micropayment im Windschatten fahren.

Ein interessanteres Konzept ist für mich der sogenannte Hub-to-Hub-Verkehr. Dabei werden die Güter nicht mehr durchgängig vom Start bis zum Ziel mit demselben Fahrzeug transportiert. Zunächst wird konventionell, also mit menschlicher Hilfe der nächste Hub direkt an der Autobahn angefahren. Dort übernimmt eine autonom fahrende Zugmaschine den Auflieger und bringt ihn zum Hub am Ende der Autobahn. Das können mehrere hundert Kilometer sein. Für das letzte Stück bis zum Ziel übernimmt wieder ein menschlicher Fahrer den Transport.

Das hat viele Vorteile. Der Fahrer, der nur am Anfang und am Ende der Strecke zum Be- und Entladen benötigt wird, entfällt auf dem längsten Teil der Fahrt ganz. Seine Tätigkeit beschränkt sich auf die kurze Strecke zwischen Autobahn und Start- bzw. Zielort. Er muss seinen Standort nicht wechseln und hat keine Probleme mit der Einhaltung der Lenkzeiten. Die autonome Zugmaschine muss nur den relativ einfachen Autobahnabschnitt bewältigen. Die Fahrt über Landstraßen oder durch die Stadt entfällt. Diese Güter-Shuttles könnten Tag und Nacht und ohne Pausen unterwegs sein. Ein solches System ist deutlich einfacher als ein vollautonomer Lkw, der jede Verkehrssituation meistern muss, zum Beispiel auch im engen und dichten Stadtverkehr. Es könnte von den großen Speditionen schon sehr bald realisiert werden.

Motorisierte Zweiräder

Eine valide Prognose für diesen Bereich ist schwierig. Dies liegt zum einen daran, dass man sich ein autonom fahrendes Zweirad kaum vorstellen kann. Zum anderen werden unter dem Begriff Zweirad recht unterschiedliche Verkehrskonzepte und Transportbedürfnisse zusammengefasst.

Obwohl ein autonomes Zweirad wahrscheinlich wenig Sinn macht, möchte ich es hier nicht leichtfertig verwerfen. Und das nicht nur, weil ich selbst jahrzehntelang Motorrad gefahren bin.

Das motorisierte Zweirad vereint zwei unterschiedliche Grundkonzepte.

Auf der einen Seite steht das Zweckfahrzeug, mit dem kurze Strecken kostengünstig zurückgelegt werden können (Pedelec, Mofa, Moped, Roller). Auf der anderen Seite steht das Spaßfahrzeug, hochmotorisierte Renn- und Geländemaschinen, die das Fahren an sich zelebrieren.

M. Lalli, *Autonomes Fahren und die Zukunft der Mobilität*, https://doi.org/10.1007/978-3-662-68124-4_13

Wie eingangs erwähnt, spielt das Fahrrad, gleichgültig ob mit Muskelkraft oder elektrisch angetrieben, eine wichtige und wachsende Rolle in allen Visionen eines flächen- und ressourcenschonenden Verkehrs der Zukunft. Nur wenn es gelingt, vor allem in den Großstädten mehr Menschen aufs Fahrrad zu bringen, werden wir den modernen Massenverkehr in den Griff bekommen. Die skandinavischen Länder zeigen, dass dies trotz nicht optimaler klimatischer Bedingungen möglich ist.

Die Verkehrsflächen in den Städten sind begrenzt, daran wird auch der autonome Verkehr trotz effizienterer Organisation nichts Wesentliches ändern. Gerade für kurze innerstädtische Wege ist das schwach motorisierte Zweirad ein ideales Individualverkehrsmittel.

Schwieriger wird es bei den Spaßmaschinen, mit ihrer überlegenen Beschleunigung und Höchstgeschwindigkeit. Wer einmal ein solches Motorrad gefahren ist, weiß, dass man sich damit in einer Art Parallelwelt bewegt. Der übrige Verkehr erscheint eher stationär, er findet in einer Dimension verlangsamter Geschwindigkeit statt.

Solange es den sogenannten Mischverkehr gibt, also das Nebeneinander von autonomen und nicht-autonomen Fahrzeugen, wird es wohl auch Motorräder geben. Da bei ihnen der Fahrspaß im Vordergrund steht, ist deren Automatisierung wenig attraktiv. Dennoch werden auch bei diesem Fahrzeugtyp weitere Fahrerassistenzsysteme Einzug halten. Das erfordert schon das wachsende Sicherheitsbewusstsein.

Selbst wenn vollautomatisch fahrende Motorräder technisch möglich wären – und das wird früher oder später der Fall sein, obwohl dies vermutlich länger als beim zweiachsigen Fahrzeug dauern wird – bleibt die Frage, was der Fahrer mit seiner neuen Freiheit anfangen soll, zumal er dennoch gezwungen wäre, sich in irgendeiner Form körperlich an die Fahrweise anzupassen (Schräglage etc.).

Denkbar wären allenfalls einachsige Kapseln, die aus Gründen der Platzersparnis entwickelt werden könnten. Hier gibt es bereits erste Ansätze. Diese wären aber eher mit heutigen Automobilen als mit heutigen Zweirädern vergleichbar.

Beim Zweirad wird sich die Zweiteilung der Funktionalität weiter ausdifferenzieren.

Fahrräder und schwach motorisierte Zweiräder (insbesondere E-Scooter[1]) werden den urbanen Verkehr zunehmend prägen. Das wird verstärkt auf eigenen Fahrwegen erfolgen.

Leistungsstarke Zweiräder werden bis auf weiteres etwas bleiben, das sich dem utilitaristischen Einheitsbrei entzieht. Eine letzte Enklave der Fahrfreude und des Fahrspaßes. Vielleicht werden sie auch für bisherige Autofahrer attraktiver. Das funktioniert aber nur, wenn die Fahrsicherheit steigt.

Ob sich das schwere Motorrad in die Zeit nach dem Ende des Mischverkehrs retten wird, ist dagegen fraglich. Aber 50 Jahre sind eine recht lange Zeitperspektive. Es bleibt abzuwarten, wie sich die Widerstände gegen selbst gesteuerte Fahrzeuge in der ferneren Zukunft entwickeln werden.

Im Kapitel *Was wird aus unseren Städten?* finden sich weitere Ausführungen zur Zukunft des schwach motorisierten Zweiradverkehrs.

---

[1] Damit sind **nicht** die Stehroller gemeint, die sich in unseren Städten unübersehbar ausgebreitet haben, sondern Elektro-Roller eher traditioneller Bauart (s.u.).

Infrastruktur Straße

In diesem Abschnitt möchte ich die Auswirkungen
des autonomen Fahrens auf die Straße selbst unter-
suchen. Zunächst ist man geneigt anzunehmen, dass die
anstehenden Veränderungen nur die Fahrzeuge betreffen,
nicht aber die Verkehrswege, auf denen sie unterwegs sind.

Natürlich müssen die autonom fahrenden Autos und
Lastwagen lernen, mit der aktuellen Verkehrssituation
zurecht zu kommen, aber es wird auch eine Vielzahl von
Maßnahmen geben, um die Straßen „computergerecht" zu
machen.

Die erste Nachricht ist eine erfreuliche. Auf lange Sicht
werden die Verkehrsschilder verschwinden.

Bereits heute haben Ortstafeln und Pfeilwegweiser
an Bedeutung verloren. Der moderne Fahrer mit
Navigationssystem hört lieber auf sein Gerät, als zu
schauen, an welcher Kreuzung er abbiegen muss. Diese
Wegweiser werden als erste verschwinden.

© Der/die Herausgeber bzw. der/die Autor(en), exklusiv lizenziert
durch Springer-Verlag GmbH, DE, ein Teil von Springer Nature
2023
M. Lalli, *Autonomes Fahren und die Zukunft der Mobilität*,
https://doi.org/10.1007/978-3-662-68124-4_14

Das automatisierte Fahren und die mobile Ortungstechnik machen aber auch Geschwindigkeitshinweise überflüssig. Ähnliches gilt auch für das Anzeigen von Einbahnstraßen oder die Vorfahrt. Vermutlich werden Ampelanlagen ebenfalls zunehmend überflüssig. Gerade im ampelbewehrten Deutschland ein erheblicher Fortschritt.

Wie schnell es auch gehen wird, der allgegenwärtige Schilderwald wird sich mehr und mehr lichten.

Eine wesentliche Voraussetzung für das autonome Fahren ist eine zentimetergenaue Vermessung aller Verkehrswege. Erst mit solchen sehr genauen Karten können Navigationssysteme optimal mit der Computersteuerung zusammenarbeiten. Alle großen Anbieter digitalisierter Karten arbeiten gegenwärtig daran.

Aber bessere Karten werden nicht genügen. Vermutlich wird die Straße in eine „digitale" Straße transformiert werden müssen.

Ein erster Schritt ist die Vernetzung der Fahrzeuge untereinander. Die Car-to-Car-Kommunikation stellt einen ersten wichtigen Schritt in Richtung Mobilität 4.0 dar. Autos, Lastwagen und Busse werden untereinander ständig Daten austauschen, Geschwindigkeiten, Abstände und Spurwechsel synchronisieren und sich gegenseitig vor Staus und anderen Gefahren warnen.

Aber auch hier muss die Straße mithelfen und ein schnelles mobiles Internet mit entsprechender Bandbreite zur Verfügung stellen. Denn nur mit kürzesten Latenzzeiten kann die notwendige Sicherheit gewährleistet werden. Moderne Autobahnen und Schnellstraßen müssen daher in kurzen Abständen mit Mobilfunksendern der 5. Generation ausgestattet werden. Kein billiges Unterfangen.

Doch die digitale Straße der Zukunft kann noch mehr. Car-to-Street-Kommunikation heißt das Stichwort: Das autonome Fahrzeug kommuniziert mit der Straße selbst.

Dazu muss die Fahrbahn mit einer Vielzahl von Sensoren und Kameras ausgestattet werden. Diese überwachen den Verkehr, die Temperatur, die Sichtverhältnisse, warnen vor Regen und Eis oder vor liegengebliebenen Fahrzeugen und anderen Hindernissen. Wie bei heutigen Verkehrsbeeinflussungsanlagen wird es bedarfsabhängige Geschwindigkeitsbegrenzungen geben. Hinzu können situations- und streckenspezifische Abstands- und Spurwechselregelungen kommen.

Seit dem Jahr 2015 gibt es auf der A9 zwischen München und Nürnberg eine Teststrecke für autonome Fahrzeuge. In Hamburg hat VW im April 2019 eine neun Kilometer lange Teststrecke für automatisiertes und vernetztes Fahren (TAVF) in Betrieb genommen. Hier soll autonomes Fahren bis Level 4 unter realistischen Bedingungen erprobt werden. Natürlich muss immer noch ein Mensch im Auto sitzen.[1]

Das autonome Fahren wird also nicht nur das Fahrzeug, sondern auch die Straße, auf der es sich bewegt grundlegend verändern. Nur in diesem Zusammenspiel kann ein vollautomatisierter Straßenverkehr effizient und sicher organisiert werden.

In Deutschland gibt es rund 830.000 km Straße. Knapp 230.000 km sind Straßen des überörtlichen Verkehrs. von diesen gehören etwa 51.000 km zu den Bundesfernstraßen (Bundesautobahnen = 13.100 km, Bundesstraßen 37.800 km). Hinzu kommen Landes- und Staatsstraßen sowie Kreisstraßen.[2]

---

[1] Auto Zeitung vom 04.04.2019.
[2] BMDV, Infrastruktur: Straßennetz. Aktualisierung vom 01.12.2022.

Diese Zahlen zeigen, dass eine Digitalisierung des Systems Straße insgesamt gar nicht möglich ist. Selbst eine Beschränkung auf Bundesstraßen ist illusorisch – und vermutlich unbezahlbar, zumal diese Systeme nicht nur installiert, sondern auch gewartet und in regelmäßigen Abständen erneuert werden müssen.

Die vielbeschworene und ebenso oft angekündigte Straße 4.0 wird also nicht in der Breite kommen, sondern an kritischen Abschnitten von Autobahnen und Bundesstraßen, an wichtigen Kreuzungen und Querungen. Zu bedenken ist auch, dass die notwendige Unterstützung des autonomen Fahrens durch die Straße vor allem in der Anfangsphase wichtig sein wird. Mit immer intelligenteren Autopiloten wird die Technik immer weniger Unterstützung von außen benötigen. Die Vision des Fahrautomaten wie sie sich Ernst Dickmanns vorgestellt hat, wird eines Tages Wirklichkeit werden. Dann werden wir Fahrzeuge haben, die sich auch in nicht kartografierten und nicht digitalisierten Umgebungen autonom orientieren und bewegen können.

Ich warne daher ausdrücklich vor einem „Overkill" im Bereich der Straßendigitalisierung. Eine Überregulierung wie wir sie heute bei den Ampelanlagen erleben[3], muss unbedingt vermieden werden. Hier kann man sich leicht in technischen Spielereien verlieren, die auf Dauer extrem kostspielig werden und das Ziel eines effizienteren Verkehrsflusses letztlich verfehlen.

---

[3] In der Nähe von Heidelberg gibt es eine Ampelkreuzung, die – nach meiner eigenen Zählung – aus über 70 (!) einzelnen Lampen besteht. Sie hängen an einer Vielzahl von Masten und zeigen in alle erdenklichen Richtungen. Ein ganzer Ampelwald, der die zugegebenermaßen nicht kleine Kreuzung überwuchert. Trotz dieser Monstrosität bin ich mir sicher, dass dies nicht die größte einzelne Ampelanlage in Deutschland ist.

Wo bleibt die Freiheit?

Das Time Magazine titelte[1] vor einiger Zeit: „Kein Verkehr, keine Unfälle, keine Toten. Alles, was Sie dafür tun müssen, ist, Ihr Recht aufzugeben, selbst zu fahren."

Die spannende Frage ist, ob die Menschen bereit sind, das Steuer dauerhaft und vielleicht sogar ausschließlich dem Computer zu überlassen. Dies gilt insbesondere für Deutschland, wo der Slogan „Freie Fahrt für freie Bürger"[2] ohne die Vorstellung eines selbstfahrenden Subjekts kaum sinnvoll interpretiert werden kann. Freiheit kann hier nur aktiv gemeint sein und nicht als Freiheit, möglichst schnell *gefahren* zu werden.

---

[1] Time Magazine 07.03.2016.

[2] Dieser bekannte Spruch ist viel älter als manch einer denken mag. Bereits 1974 startete der ADAC unmittelbar nach der damaligen Ölkrise eine gleichnamige Kampagne.

119

M. Lalli, *Autonomes Fahren und die Zukunft der Mobilität*, https://doi.org/10.1007/978-3-662-68124-4_15

Unsere eigenen Umfragen zeigen, dass die Akzeptanz des autonomen Fahrens in der Bevölkerung relativ hoch ist und steigt. Gut ein Drittel der Befragten kann es sich derzeit vorstellen. Etwa ebenso viele lehnen es jedoch ab, automatisch gefahren zu werden. Interessanterweise sind Autofahrerinnen skeptischer als Autofahrer. Jüngere Menschen stehen dieser Entwicklung dagegen aufgeschlossener gegenüber. Allen voran die jungen Männer.[3]

Die Befürworter sind davon überzeugt, dass Automaten besser und sicherer fahren werden als Menschen. Weit verbreitet sind aber auch die Angst vor technischen Pannen und das Unbehagen, die Kontrolle abzugeben. Im Mittelfeld rangiert die Sorge, dass der Fahrspaß auf der Strecke bleiben könnte. Sie wird von knapp der Hälfte der Befragten geäußert.

Aber auch ohne autonomes Fahren ist der moderne Verkehr von einer zunehmenden Regulierung geprägt.

Aus Sicherheitsgründen werden immer mehr Strecken mit Geschwindigkeitsbegrenzungen versehen: Limits, die im Laufe der Jahre immer weiter herabgesetzt wurden. Konnte man sich früher über diese Begrenzungen massenhaft hinwegsetzen, so haben ein immer dichteres Überwachungssystem und härtere Strafen zu einer Verringerung des Abstandes zwischen erlaubter und tatsächlicher Geschwindigkeit geführt. Insbesondere im Ausland ist zu beobachten, dass nur noch minimale Geschwindigkeitsüberschreitungen begangen werden. In den Niederlanden gibt es sogar erste Ansätze, Fahrzeuge mittels GPS-Ortung automatisch einzubremsen.

Der immer dichtere Verkehr hat zudem dazu beigetragen, dass sich individuelle Freiheiten weiter

---

[3] Da diese Umfragen im Kundenauftrag durchgeführt werden, können keine konkreten Zahlen und Quellen genannt werden.

reduzieren. Die Freiheit des Fahrens ist nur noch die Freiheit, die vorgeschriebenen Abstände und Geschwindigkeiten einzuhalten. Folgerichtig beklagen vor allem eingefleischte Autofahrer, dass Autofahren *keinen Spaß* mehr macht. So mancher hat sich inzwischen innerlich verabschiedet und richtet seine Aufmerksamkeit, statt auf den Verkehr, auf Radio, Navigationssystem oder Smartphone. Es wird gesimst und getwittert, gesurft und gebloggt. Das Fahren erledigt man nebenbei, sozusagen aus dem halbautomatischen Unterbewusstsein heraus. Die Folge sind steigende Unfallzahlen, Verletzte und Tote.

Im Mischverkehr der nahen Zukunft wird außerdem der Fahrspaß weiter abnehmen. Schon ein Anteil von 5 oder 10 % autonom fahrender Autos am gesamten Verkehr wird erhebliche Auswirkungen auf die Fahrweise von uns allen haben. Ein autonomes Auto befolgt stur alle Geschwindigkeitsbeschränkungen, hält an Stoppschildern tatsächlich an und überholt niemals, wo es nicht erlaubt ist. So wird selbst dem Ungeduldigsten nichts anderes übrig bleiben, als in der Stadt mit genau 30 km/h dahinzuzockeln und in verkehrsberuhigten Bereichen Schritt zu fahren, wobei Schrittgeschwindigkeit 7 km/h bedeutet und nicht die heute übliche Auslegung von 15 oder 20 km/h. Man wird über diese Fahrzeuge, die vor einem herfahren und als Behinderung empfunden werden, laut fluchen. Aber dem Autofahrer der Zukunft wird nichts anderes übrig bleiben, als sich anzupassen.

Abgesehen davon scheint auch das generelle Interesse am Autofahren abgenommen zu haben. Junge Leute fiebern nicht mehr dem Führerschein entgegen, der einmal – das ist gar nicht so lange her – eine Art Initiationsritus zum Erwachsenensein war, wichtiger als das Wahlrecht oder das Recht, sich die ganze Nacht in aller Öffentlichkeit besaufen zu dürfen. Vor allem in den Großstädten gibt es immer mehr junge Menschen, die ganz auf den Führerschein und damit auch auf das Auto verzichten.

Und wenn gefahren wird, so geschieht dann ohne Leidenschaft und Ehrgeiz. Der Anspruch, ein guter Autofahrer zu sein oder ein solcher zu werden, nimmt gerade bei den Jüngeren ab. In dieser Altersgruppe ist eine zunehmend utilitaristische Einstellung zu beobachten. Man könnte fast sagen, dass das Auto sei zu einem (immer weniger) notwendigen Übel geworden ist.

Auf der anderen Seite des Altersspektrums bei den älteren Fahrern, also der Gruppe der über 70-Jährigen, ist eine zunehmende altersbedingte Überforderung zu beobachten. Die demografische Entwicklung lässt diese Gruppe stetig anwachsen und verschärft gerade in Deutschland, wo es keine vorgeschriebenen Nachprüfungen gibt, die damit verbundenen Probleme. Wenn diese Menschen dennoch Auto fahren, dann nicht primär, weil sie Freude daran haben, sondern weil Mobilität für sie unverzichtbar ist.

Bleibt die breite Mitte der Gesellschaft. Hier gibt es nicht wenige Autofahrerinnen und Autofahrer, die mit dem Auto aufgewachsen sind, es souverän beherrschen und Fahrfreude und Fahrspaß einfordern, ein Anspruch, wir haben es bereits gesagt, der im modernen Verkehr immer weniger erfüllt werden kann.

Aber diese Gruppe wird stetig kleiner. Auch diese Fahrer werden älter, während die nachrückenden Jugendlichen eine andere Sozialisation in Bezug auf das Auto erfahren haben.

Aus meiner Sicht spricht alles dafür, dass sich das autonome Fahren immer weiter durchsetzen wird. Am Ende werden computerbewegte Autos die Regel sein, selbstgefahrene die absolute Ausnahme.

Im Film „I, Robot" aus dem Jahr 2004 gibt es eine Szene, in der der Held (Will Smith) mit der Psychologin

Dr. Calvin durch einen mehrspurigen Autotunnel rast. Wir schreiben das Jahr 2035 und natürlich bewegt sich das schnittige Gefährt automatisch. Doch plötzlich greift Del Spooner, der links sitzt, zu den Kontrollen, und eine Art Lenkrad fährt aus. Entsetzt fragt ihn die Psychologin: „Sie wollen selbst fahren? Bei diesem Tempo?!"

In dieser Fiktion fahren zwar alle Fahrzeuge autonom, doch wenn man will – wenn man verrückt genug ist, möchte man fast sagen – kann man auch selbst das Steuer ergreifen. Könnte, denn es ist möglich, wenn auch vielleicht nur der Form halber. Aus der Psychologie wissen wir, dass allein die Möglichkeit, etwas kontrollieren zu können, eine psychische Entlastung darstellt, eine Möglichkeit, die man dann eigentlich nicht mehr nutzen muss.

Oder anders gefragt: Wird eines (fernen) Tages das Selbstfahren vielleicht sogar ganz verboten? Einiges spricht dafür.

Doch auch in einer Zukunft omnipräsenter Automaten soll es nach dem Willen der Automobilindustrie Individualisierung geben. Sie möchte gerne das Faszinosum Auto in die neue Zeit hinüberretten. Auch wenn der zukünftige Fahrer nicht selbst aktiv in das Geschehen eingreifen kann, so soll das Fahrzeug – ob gemietet oder nicht – doch ein Stück weit die Individualität des Insassen widerspiegeln. Das gilt nicht nur für Ausstattung und Interieur, sondern auch für den Fahrstil. So forscht Nissan derzeit an Fahrprofilen, die man automatisierten Autos vorgeben könnte.

Der vorsichtige Fahrer würde langsam und defensiv gefahren werden, der sportliche mit entsprechender Beschleunigung und Höchstgeschwindigkeit. Ob diese Vision jemals Wirklichkeit wird, ist fraglich. Wahrscheinlich ist es dem Menschen der Zukunft schlicht egal, wie sich sein Auto durch den Verkehr bewegt, solange es schnell, komfortabel und sicher ist.

Wie die Übergänge von einer selbst fahrenden zu einer sich fahren lassenden Gesellschaft aussehen können, skizziere ich im folgenden Abschnitt.

Übergänge

Wer einen Tesla auf Autopilot schaltet oder alle Fahrerassistenzsysteme der neuen S-Klasse von Mercedes
aktiviert, staunt, wie weit die Unterstützung des Fahrers
heute bereits gediehen ist.

Man rollt automatisch im richtigen Abstand zum
Vordermann von Ampel zu Ampel, schert mit einem
kurzen Blinken auf die Autobahn ein oder setzt bei zügiger
Fahrt dort zum Überholen an. Fast scheint es, als sei die
Zukunft, die vor kurzem noch so fern schien, bereits
Gegenwart geworden.

Doch das täuscht natürlich. Kaum wird die Situation
ein wenig komplexer oder etwas Ungewöhnliches tritt ein,
versagt die Automatik. Und wer sich beim Wechsel auf die
linke Autobahnspur auf die Übersicht des Teslas verlässt,
kann eine böse Überraschung erleben. Denn ein Fahrzeug,
der sich aus einiger Entfernung schnell nähert, vermag
dieser nicht rechtzeitig zu erkennen.

© Der/die Herausgeber bzw. der/die Autor(en), exklusiv lizenziert
durch Springer-Verlag GmbH, DE, ein Teil von Springer Nature
2023
M. Lalli, *Autonomes Fahren und die Zukunft der Mobilität*,
https://doi.org/10.1007/978-3-662-68124-4_16

Ein ungenannter Profi aus dem Silicon Valley bemerkte kürzlich hierzu sinngemäß: „Es ist relativ einfach, die ersten 99 % aller Verkehrssituationen automatisch zu bewältigen. Es sind die restlichen 1 %, die es in sich haben."

Dennoch zeichnen sich derzeit zwei völlig unterschiedliche Strategien oder besser Philosophien ab, wie das Ziel des vollautonomen Fahrens erreicht werden kann.

Während traditionelle Hersteller wie Mercedes seit Jahren auf Assistenzsysteme setzen und die Fahrfunktionen schrittweise automatisieren, streben Newcomer wie Google den großen Wurf an. Revolution, statt Evolution.

Das Google-Auto wurde von Anfang an für ein ausschließlich autonomes Fahren entwickelt und gebaut. Es gibt keinen Fahrerplatz und auch kein Lenkrad mehr. Der Mensch kann nicht mehr eingreifen.

Diese klare Rollenverteilung soll die Insassen entlasten und letztlich für mehr Sicherheit sorgen.

Obwohl die Google-Autos bereits fleißig im dichten kalifornischen Verkehr ihre Runden drehen, täuscht dieses Konzept nicht darüber hinweg, dass es meilenweit von deutschen Mittel- oder Oberklassewagen entfernt ist. Das Google-Auto ist ein langsames städtisches Vehikel. Kaum vorstellbar, dass es mit 200 km/h über eine deutsche Autobahn rasen könnte.

Symptomatisch ist ein Unfall, den ein Google-Auto zu Beginn des Feldversuchs verursachte. Es fuhr aus einer Parklücke und beschleunigte auf drei (sic!) Stundenkilometer. Ein überraschter Busfahrer fuhr auf. Google räumte eine Mitschuld ein. Der Busfahrer habe wohl mit einer höheren Endgeschwindigkeit des vor ihm fahrenden Automaten gerechnet. Man müsse auch irrationale (!)

Verhaltensweisen menschlicher Fahrer in der eigenen Programmierung berücksichtigen.[1]

Dass man in den USA weiter zu sein scheint als bei uns, was die ersten großflächigen Feldversuche mit autonomen Fahrzeugen angeht, liegt auch an einer anderen Sicherheitsphilosophie. In den Vereinigten Staaten fragt man sich z. B. bei einem Unfall, den ein Roboterauto verursacht hat: „Hätte das auch einem menschlichen Fahrer passieren können?" Oder mit anderen Worten, es wird vom Computer lediglich erwartet, dass er *nicht schlechter* Auto fährt als ein Mensch. Bei uns ist das anders. Von automatischen Systemen wird erwartet, dass sie *keine Fehler* machen, also perfekt sind. Sonst sinkt die Akzeptanz rapide.

Nun wird es wohl nie ein fehlerfreies autonomes System geben, d. h. wir müssen uns auch im Straßenverkehr der Zukunft auf ein Restrisiko einstellen. Das bedeutet aber auch, dass der *große Sprung nach vorne,* also der kurzfristige und schlagartige Umstieg auf autonome Fahrzeuge, wie ihn Google und die Amerikaner planen, bei uns vorerst keine Chance hat.

Es wäre interessant zu erfahren, was Apple mit dem angekündigten Apple Car vorhat. Doch der Konzern hält sich gewohnt bedeckt. Zuletzt hieß es, es werde nicht vor 2026 auf den Markt kommen und – Überraschung! – keinen „echten" Autopiloten haben[2]. Das Oberklassenmodell wird um die 100.000 Dollar kosten und eher ein Prestigeprojekt als ein Massenprodukt werden. Damit geht Apple einen ähnlichen Weg wie seinerzeit Tesla.

Doch Apple wäre nicht Apple, wenn man hier auf die technologische Führerschaft verzichten würde. So

---

[1] Die ZEIT vom 01.03.2016.
[2] Das Handelsblatt vom 06.12.2022 zitiert die Agentur Bloomberg.

wird das neue Fahrzeug über eine Vielzahl von Sensoren (LIDAR, RADAR, Kameras, Ultraschall) aufweisen und über eine immense Rechenleistung verfügen. Damit wird es mindestens so autonom fahren können wie die Konkurrenz. Lediglich der Anspruch, sofort Level 5 zu erreichen und konsequenterweise auf einen Fahrerplatz zu verzichten, wurde (vorerst?) aufgegeben. Bekanntlich strebt das Unternehmen bei der Einführung neuer Produkte nach Perfektion. Das hat Cupertino mit dem VisionPro eindrucksvoll bewiesen. Lieber wartet man ein paar Jahre, lässt die Konkurrenz vorpreschen und übernimmt dann einen bereits „reifen" Markt. Beim autonomen Auto wird es nicht anders sein.

Aus meiner Sicht ist es daher sehr wahrscheinlich, dass sich die schrittweise, die evolutionäre Perspektive der Automatisierung durchsetzen wird. Schon in ein paar Jahren werden Fahrzeuge zumindest auf Autobahnen durchgehend autonom fahren können. Nach und nach werden schwierigere Situationen hinzukommen, bis sich eines nicht allzu fernen Tages – wir sprechen von Zeiträumen von etwa 5 bis 10 Jahren – die Fahrzeuge im gesamten Straßenverkehr ohne menschliches Eingreifen bewegen können.

Bis dahin müssen die Verkehrsräume aufgeteilt werden. Solange die Automaten nicht in der Lage sind, hochkomplexe Situationen zu bewältigen, muss die Straße selbst vereinfacht werden.

Um das Google-Auto ist es ruhig geworden. Durch die Zusammenarbeit mit Waymo hat Google in letzter Zeit einen anderen Weg eingeschlagen. In den Testgebieten in Kalifornien und Arizona kommen herkömmliche Fahrzeuge zum Einsatz, die allerdings mit einem umfangreichen Equipment aufgerüstet wurden. Wie die angekündigten selbst entwickelten Fahrzeuge aussehen werden, die die heutige Flotte ablösen sollen, bleibt abzuwarten. Vermutlich werden auch diese mit Lenkrad und Pedalen über die übliche Ausstattung eines von einem Menschen gelenkten Automobils verfügen. Auf einen Sicherheitsfahrer wird man auch in naher Zukunft nicht immer und überall verzichten können.

Bereits früh gab es autonome Shuttles, die auf einer eigenen Spur eine vordefinierte Strecke abfuhren (z. B. in Oslo).[3] Zahlreiche andere Städte sind diesem Beispiel gefolgt. Das ist technisch relativ einfach, und passieren kann auch nicht viel. Wenn das Fahrzeug nicht mehr weiterweiß, bleibt es einfach stehen. Bei den geringen gefahrenen Geschwindigkeiten ist das unproblematisch.

Denkbar wären echte autonome Busspuren mitten in der Stadt, räumlich abgetrennt sind und mit Vorrang an allen Berührungspunkten mit dem „echten" Verkehr. Sozusagen eine Straßenbahn ohne Schienen. Wenn man ganz mutig ist, könnte man schon heute bestehende Gleisanlagen entsprechend umbauen.

Das Problem bei der Aufteilung von Verkehrsräumen ist natürlich deren Begrenztheit. Eine Aufteilung führt tendenziell zu Effizienzverlusten, und das Ziel des autonomen Verkehrs ist ja eine Effizienzsteigerung und nicht eine Effizienzminderung.

In dieser Übergangsphase – wir sprechen von den nächsten zehn bis fünfzehn Jahren – wird es aber wohl nicht anders gehen, denn erst dann wird es autonome Fahrzeuge geben, die sich in hochkomplexen urbanen Szenarien zurechtfinden.

Aber auch dann werden nicht alle zugelassenen Fahrzeuge auf einen Schlag zu hochmodernen Fahrautomaten werden. Erinnern wir uns an die Lebensdauer eines Autos.

---

[3] Magazin für Autonome Autos, Vernetzung, Robotik und Künstliche Intelligenz vom 09.02.2018.

Sie beträgt derzeit im Durchschnitt 18 Jahre. Es wird also noch mindestens 50 Jahre dauern, bis der gesamte Fahrzeugbestand die Fähigkeit haben wird, sich ohne menschlichen Fahrer fortzubewegen. Bis dahin werden wir einen sogenannten *Mischverkehr* haben, also ein Nebeneinander von autonomen und von Menschen gesteuerten Fahrzeugen.

Erst dann kann und wird die Diskussion geführt werden, ob ein manuell gesteuertes Fahrzeug ein unzumutbares Sicherheitsrisiko darstellt und ob diese dann antiquierten Fortbewegungsmittel verboten werden sollten.

Mit zunehmender Anzahl autonomer Fahrzeuge wird der Selbstfahrer vermutlich sukzessive immer mehr diskriminiert und ausgegrenzt werden. Manuelles Fahren wird mit Rowdytum, Egoismus und Rücksichtslosigkeit gleichgesetzt werden. Es ist daher fraglich, ob diese Nische des freien und selbstbestimmten Fahrens erhalten bleibt.

Da aber im teilautomatisierten Verkehr auch der Fahrspaß weiter abnimmt, dürfte der Verlust der Freiheit, selbst zu fahren, subjektiv weniger schwer wiegen, als wir uns das heute vorstellen können.

So wird es auch bei uns ein Tempolimit auf Autobahnen geben müssen. Eine unlimitierte Höchstgeschwindigkeit führt auf den Autobahnen zu Situationen, die ein autonomes Fahrzeug in naher Zukunft kaum bewältigen kann. Wenn sich auf der Überholspur jederzeit ein Fahrzeug mit 250 km/h (oder mehr!) nähern kann, dann müssten die Sensoren sehr weit zurückreichen. Was selbst für einen halbwegs erfahrenen Autofahrer schwierig ist, wird für ein autonomes Fahrzeug zum Risiko. Das haben diverse Unfälle mit Tesla-Autopiloten gezeigt.

Es ist denkbar, dass manuell gesteuerte Fahrzeuge eines Tages über automatische *Fallbacks* verfügen müssen, die dem Fahrer die Steuerung wieder abnehmen, wenn er Vorschriften und Verbote missachtet oder das Fahrzeug in eine gefährliche Situation bringt. Eine Art Schutzengel, der den Fahrer vor realen Gefahren schützt. Insofern wird das Selbstfahren ebenfalls ein Stück weit virtuell sein und sich ein wenig wie ein Computerspiel anfühlen.

Unabhängig davon wird es sicher auch in Zukunft Möglichkeiten geben, Fahrspaß in Reinform zu erleben. Dies wird nicht wie heute primär auf Rennstrecken oder speziellen Übungsplätzen geschehen, sondern in großen, abgesperrten Reservaten, die sich über weite Gebiete erstrecken könnten. Dafür bieten sich vor allem dünn besiedelte ländliche Regionen sowie hügelige oder gebirgige Landesteile an.

Der Wochenendausflug ist dann vielleicht nicht mehr der Wanderung, der Fahrradtour oder der Städtereise gewidmet. Man gönnt sich ein *Fahrwochenende* inklusive Hotelaufenthalt und der Option, Strecken unterschiedlicher Schwierigkeitsgrade abzufahren. Aber auch hier wird vermutlich eine automatische Steuerung im Hintergrund darüber wachen, dass sich die Menschen nicht reihenweise selbst und gegenseitig umbringen.

Am Ende stünde dann vielleicht tatsächlich das Verbot, ein Automobil selbst auf öffentlichen Straßen und Plätzen bewegen zu dürfen. Der Verkehrsforscher Andreas Knie hat vor einiger Zeit in einem Interview[4] gesagt, er könne sich sogar vorstellen, dass man Menschen irgendwann ganz verbieten werde, privat ein Auto zu besitzen. Ob das nicht ein zu starker Eingriff in die persönliche Freiheit sei? Seine Antwort: Man dürfe schließlich auch keine Atomrakete besitzen.

Nun ist ein Automobil weder ein harmloses Spielzeug noch eine Massenvernichtungswaffe. Die Terroran-

---

[4] Zeit online vom 28.03.2019.

schläge mit Autos und Lastwagen beweisen aber, dass sie sehr leicht als Waffe missbraucht werden können, und jedes Jahr kommen Tausende von Menschen bei Verkehrsunfällen ums Leben. Von den gut dreitausend Verkehrstoten sind übrigens nur knapp die Hälfte die Insassen dieser Autos. Es überwiegen deren Opfer (Fußgänger, Zweiradfahrer usw.).

Das Auto und die damit verbundenen Risiken – insbesondere als individuell selbst gesteuertes Fahrzeug – werden in Zukunft in der Gesellschaft immer kritischer gesehen werden. In der Abwägung zwischen Fahrspaß und individueller Freiheit einer immer kleiner werdenden Gruppe von Verkehrsteilnehmern auf der einen Seite und unzähligen Verletzten, Toten und Milliardenschäden auf der anderen, lässt sich unschwer vorhersagen, wohin die Reise geht.

An dieser Stelle mag sich mancher fragen, ob er sich in diesen Zeiten des Wandels noch ein neues Auto kaufen soll. Es ist ungewiss, welche Antriebssysteme sich durchsetzen werden, und selbst, wenn man auf die neueste verfügbare Technik setzt, kann diese in drei oder vier Jahren hoffnungslos veraltet sein.

Sollte sich die These bewahrheiten, dass autonome Fahrzeuge zu einer dramatischen Verringerung von privat betriebenen Fahrzeugen führen wird, ist zudem mit einem plötzlichen Zusammenbruch des Gebrauchtwagenmarktes zu rechnen.

Kein Experte kann heute seriöse Prognosen zu diesen Faktoren abgeben, und der private Autokäufer läuft Gefahr, irgendwann mit einem relativ neuen Wagen dazustehen, der so gut wie unverkäuflich ist. Möglicherweise ist er auch noch nur eingeschränkt nutzbar (siehe Dieselkrise).

Der Rat kann nur lauten, sich weder jetzt noch in absehbarer Zukunft einen Neuwagen zu kaufen. Wer Ersatzbedarf hat, sollte an Leasing denken. So bindet man sich nicht langfristig und geht vorhersehbare Verpflichtungen ein.

Fazit

Eine Kernaussage dieses Aufsatzes betrifft den individuellen Besitz an einem Automobil. Ich gehe davon aus, dass immer weniger Menschen sich ein Auto für den privaten Gebrauch anschaffen werden. Mobility as a Service erfüllt weitgehend die gleichen Bedürfnisse und ist in der Summe erheblich billiger. In der Folge wird der Fahrzeugbestand dramatisch abnehmen.

Eine weitere Kernaussage dieses Aufsatzes lautet, dass im epochalen Wettkampf zwischen Straße und Schiene die Straße den Sieg davontragen wird. Bis auf wenige Ausnahmen – z. B. im Untergrund unserer Großstädte – wird die Schiene im Verkehr der Zukunft eine immer geringere Rolle spielen.

Der Übergang zu autonomen zum nicht-autonomen Verkehr wird sich schrittweise vollziehen und für die nächsten fünf Jahrzehnte einen Mischverkehr mit sich bringen.

© Der/die Herausgeber bzw. der/die Autor(en), exklusiv lizenziert durch Springer-Verlag GmbH, DE, ein Teil von Springer Nature 2023
M. Lalli, *Autonomes Fahren und die Zukunft der Mobilität*,
https://doi.org/10.1007/978-3-662-68124-4_17

Zahlreiche Industrien werden von dieser Entwicklung betroffen sein. In einer Art Schnellcheck möchte ich im Weiteren die Folgen für verschiedene Wirtschaftszweige zusammenfassen. Details sind den ausführlicheren Abschnitten weiter oben zu entnehmen.

Automobilhersteller: Sie gehören zu den eigentlichen Gewinnern dieser Entwicklung. Auch wenn der individuelle Erwerb an Automobilen zur Ausnahme werden wird und Mietmodelle an seine Stelle treten, wird die Verkehrsleistung insgesamt nicht abnehmen, sondern eher zunehmen. Die Produktion wird daher auf vergleichbarem Niveau bleiben, obwohl die Zahl der im Verkehr zugelassenen Fahrzeuge dramatisch zurückgehen wird. Dies und die technische Entwicklung werden zu deutlich kürzeren Modellzyklen von drei bis vier Jahren führen. Mietmodelle stellen zudem andere Anforderungen an die Hersteller, auf die sie sich einstellen müssen. Die Hersteller werden sich über die reine Fahrzeugproduktion hinaus zu Flottenbetreibern entwickeln und ihren Kunden skalierten Formen von Mobilität direkt anbieten.

Lkw-Hersteller: Die großen Gütertransporter werden als erste von den Vorteilen des autonomen Fahrens profitieren. Hier ist der wirtschaftliche Druck am größten und die Umstellung bereits weit fortgeschritten. Auch wenn Lkw auf Autobahnen bald autonom fahren werden, ist es noch ein weiter Weg, bis diese alle Arten von Straßen beherrschen. Ohne menschliche (Mit-)Fahrer wird es vorerst nicht gehen. Diese werden aber weniger Stress und mehr Zeit für andere Tätigkeiten haben, was ihr Berufsbild verändern wird. Im Gegensatz zum Individualverkehr, wo Mietmodelle vorherrschen werden, bleiben die Lkw Eigentum der Spediteure. Die Fahrzeuge werden aber durch die Lockerung der Lenkzeitbeschränkungen (noch) mehr bewegt werden als heute. In einer Übergangsphase wird sich ein Hub-to-Hub-Verkehr etablieren, bei dem längere Autobahnabschnitte ohne menschliche Mitfahrer zurückgelegt werden können.

Schienenverkehr: Dieser Verkehrsträger wird durch das straßengebundene autonome Fahren seine wesentlichen systemimmanenten Vorteile einbüßen. Dies gilt sowohl für den Personen- als auch für den Güterverkehr. Autonome Straßenfahrzeuge sind flexibler und bezogen auf die Gesamtstrecke letztlich auch schneller als Schienenfahrzeuge. Im Personenfernverkehr ist die Schiene zudem in Zukunft verstärkt der Konkurrenz durch autonome Busse ausgesetzt. Diese sind in der Größe skalierbar und können unterschiedlichste Mobilitätsbedürfnisse befriedigen. Auf der Fernstrecke fallen Hochgeschwindigkeitszüge hinter dem Flugzeug zurück. Lediglich in den Großstädten und Ballungszentren bleiben U-Bahnen oder neuartige Systeme wie Seilbahnen aus Platzgründen unverzichtbar.

Flugverkehr: Der Luftverkehr wird national wie international Weiter wachsen. Bezogen auf den Inlandsverkehr wird dieser im Bereich von Strecken ab 400–500 km weiterhin eine Alternative sowohl für die Straße als auch für die Schiene darstellen. Es wird erwartet, dass der Flugverkehr aufgrund seiner sich verbessernden Gesamtbilanz (Verbrauch, Lärm etc.) der Schiene verstärkt Konkurrenz machen wird. Dies gilt insbesondere für innereuropäische Destinationen.

ÖPNV: Auch der Öffentliche Personennahverkehr wird durch das autonome Fahren eine umfassende Neuausrichtung erfahren. Die bisherige klare Trennung zwischen Individualverkehr und öffentlichem Transport wird in Zukunft aufgehoben. Zwischen dem Individual- und dem Massenverkehr entstehen eine Vielzahl von Übergängen. Es wird kleine und große Transporter sowie Busse unterschiedlichster Größe geben. Wie beim Schienenfernverkehr verlieren lokale und regionale Schienensysteme wie Straßenbahnen und S-Bahnen an Bedeutung. Lediglich

U-Bahnen mit ihren zusätzlichen Verkehrswegen bleiben in hochverdichteten Metropolen unverzichtbar.

Zweiradhersteller: Diese Hersteller sind am wenicgsten von der Automatisierung des Fahrens betroffen. Der Markt für einfache motorisierte Zweiräder und insbesondere elektrifizierte Fahrräder wird weiter wachsen (Stichwort: E-Scooter). Am anderen Ende bei den schweren Motorrädern und den geländegängigen Modellen wird es noch lange privat besessene und selbst gefahrene Maschinen geben. Hier ist sogar eine Zunahme durch diejenigen denkbar, denen der Fahrspaß beim klassischen Automobil verloren geht. Aber dazwischen wird es eng. Große Roller und leichtere Motorräder verlieren zunehmend ihre Daseinsberechtigung.

Carsharing: Das klassische Modell des Teileigentums an Fahrzeugen wird mit dem autonomen Fahren obsolet. Es wird weitestgehend durch (Kurz-)Mietmodelle ersetzt. Damit wird die Logik des Teilens radikal zu Ende gedacht. Wenn die Carsharing-Anbieter überleben wollen, müssen sie sich dieser Entwicklung anpassen. Sie werden – ähnlich wie „normale" Autovermieter – zu Betreibern autonomer Fahrzeugflotten werden oder vom Markt verschwinden.

Autovermietung: Diese Unternehmen sind derzeit am besten auf die neue Zeit vorbereitet. Sie betreiben seit langem große Mietwagenflotten und verfügen über eingeführte Markennamen inklusive einer treuen Kundschaft. Verschiedene Kundenbindungsprogramme tun ihr Übriges. Autovermieter sind international tätig und lokal breit aufgestellt. Zudem verfügen sie über große Abstellflächen inklusive Wartungs- und Serviceeinrichtungen. Die Umstellung auf kürzere bis kürzeste Mietverhältnisse wird allerdings auch diese Anbieter vor Herausforderungen stellen, so z. B. bei der Bereitstellung und Abrechnung. Zudem fällt das lukrative Geschäft mit jungen Gebrauchten weg. Nicht zu vernachlässigen ist auch die Konkurrenz durch neue Anbieter von Fahrzeug-flotten. Hier werden die Automobilhersteller selbst zu neuen großen Playern.

Taxis: Die Notwendigkeit, von einem Menschen gefahren zu werden, entfällt in der autonomen Welt vollständig. Taxis und Chauffeure werden nicht mehr benötigt. Allerdings könnten sich große Taxibetreiber zu Betreibern autonomer Fahrzeugflotten wandeln. Uber denkt derzeit über entsprechende Schritte nach.

Werkstätten und Händler: Da autonome Fahrzeuge in der Regel nicht mehr im Privatbesitz sind, entfällt auch weitgehend die Notwendigkeit, eine Infrastruktur von (freien) Werkstätten[1] oder niedergelassenen Händlern[2] vorzuhalten. Die Wartung wird direkt bei den großen Flottenbetreibern durchgeführt und in größeren Einheiten konzentriert. Hier können sich die Automobilhersteller selbst oder spezialisierte Anbieter flottenübergreifend positionieren.

Fahrschulen: Auch Fahrlehrer, Fahrschulen oder Fahrübungsplätze werden in Zukunft nicht mehr in großer Zahl benötigt. Hier kann sich aber vielleicht ein kleiner Markt für Hobbyfahrer erhalten. Da uns auf mittlere Sicht

---

[1] Sollten sich Elektroantriebe weiter durchsetzen, wird auch die Notwendigkeit eines Netzes freier Werkstätten abnehmen. Denn solche Fahrzeuge benötigen keine aufwendigen Inspektionen oder den Austausch anfälliger Komponenten. Sie können über viele 10.000 km nahezu wartungsfrei betrieben werden. Die Bremsen verschleißen kaum noch. Die Rekuperation macht es möglich. Bei einem Tesla muss beispielsweise nur einmal im Jahr der Innenraumluftfilter gewechselt werden.

[2] Dieser Trend ist bereits heute zu beobachten, ganz ohne autonome Fahrzeuge. Große Hersteller wie Daimler und BMW gehen dazu über, ihre Autos über Online-Portale an den Mann oder die Frau zu bringen. Tesla hat es vorgemacht. Rabatte und Preisverhandlungen mit dem Verkäufer entfallen. Es ist auch nicht mehr möglich, einen Händler gegen den anderen auszuspielen. Wenn diese Branche also untergeht ist nicht das autonome Fahren der Hauptschuldige, sondern der alles durchdringende Onlinehandel.

auch das selbst gesteuerte Motorrad erhalten bleiben wird, könnten sich Fahrschulen darauf spezialisieren.

Parkhäuser und Parkplätze: Durch die Zunahme der Mietmodelle und dem damit einhergehenden abnehmenden Besitz am Fahrzeug braucht man in Zukunft weder am Startpunkt noch am Endpunkt der Fahrt besondere Parkflächen. Das Parken in Parkhäusern oder auf der Straße entfällt fast vollständig. Die Flottenbetreiber stellen ihre Fahrzeuge auf eigenem Gelände ab. Ansonsten patrouillieren die autonomen Fahrzeuge auf den Straßen oder stehen – ähnlich wie heutige Taxis – auf eng definierten Flächen in den Städten bereit. Das gilt auch für Flughäfen oder andere große Einrichtungen. Auch zu Hause werden keine Garagen mehr benötigt. Im Vergleich zu heute werden wesentlich weniger Parkhäuser benötigt.

Freizeit- und Unterhaltungsindustrie: Auch wenn es keine Übungsplätze im engeren Sinne mehr geben wird, sehe ich eine deutliche Zunahme von Freizeitangeboten im Bereich des Selbstfahrens. Das werden nicht nur sportliche Rennstrecken sein, sondern auch für uns heute normale Straßenabschnitte. Es werden große Freizeitparks entstehen, die auf einem weitläufigen Gelände eine Vielzahl von Strecken und Fahrzeugen anbieten. Abgerundet wird das Ganze durch Übernachtungs- und Gastronomieangebote. Darüber hinaus könnten weitere z. B. virtuelle Fahrerlebnisse integriert werden.

Straße vs. Schiene: Eine Zusammenfassung

In diesem Aufsatz habe ich das (baldige?) Ende des Schienenverkehrs vorausgesagt. Insbesondere heute, wo der Eisenbahn allgemein eine glänzende Zukunft vorhergesagt wird, mag das für manchen unrealistisch und provokativ klingen.

Die Schiene ist zum Wundermittel im Kampf gegen der Verkehrskollaps und für die nachhaltige, weil verbrauchsarme oder gar CO_2-neutrale Mobilität der Zukunft avanciert. Selbst die vermehrte Einführung von Nachtzügen mit Schlafwagen ist gegenwärtig im Gespräch.

Leider ist die Sicht auf die heutige Verkehrsproblematik vom Festhalten an der althergebrachten Dualität von Straße (= Individualverkehr) und Schiene (= Massentransport) geprägt. Man will den Individualverkehr (zu Recht) zugunsten des öffentlichen Personenverkehrs zurückdrängen. Deshalb setzt man auf die Eisenbahn. Das mag auf den ersten Blick richtig erscheinen, vernachlässigt aber

M. Lalli, *Autonomes Fahren und die Zukunft der Mobilität*, https://doi.org/10.1007/978-3-662-68124-4_18

die epochalen Umwälzungen, die sich durch das autonome Fahren ergeben.

Ich habe bereits darauf hingewiesen, dass die Grenze zwischen Individualverkehr und ÖPV immer weiter verschwinden wird. Die Hauptlast der Verkehre wird in Zukunft Fahrzeuge zwischen 8 und 50 Insassen tragen. Und das ist etwas völlig anderes als heute. Natürlich wird es auch relativ normale „Automobile" geben mit bis zu vier beförderten Personen, und ebenso werden größere Fahrzeuge mit bis zu 200 Fahrgästen verkehren. Ob man aber tatsächlich Dickschiffe wie doppelte ICEs mit 800 oder 900 Personen an Bord brauchen wird, ist fraglich. Auch im Flugverkehr beträgt die maximale Passagierzahl auf der Kurz und Mittelstrecke um die 200 Personen. Das erhöht die Flexibilität und auch die möglichen Frequenzen. Aber schauen wir uns die wichtigsten Schienenlösungen an, die es heute gibt:

U-Bahn: Die U-Bahn ist unbestreitbar notwendig. Das gilt insbesondere für die großen Metropolen und die Großstädte. Ihr Vorteil besteht aber nicht darin, dass sie schienengebunden ist, sondern dass sie unterirdische Direktverbindungen auf einer zusätzlichen Verkehrsfläche schafft. Das ist allerdings teuer und langwierig, aber eben unverzichtbar. Mancherorts könnte sie aber z. B. von überirdischen Seil- und Kabinenbahnen ergänzt werden. Eine Schiene braucht die U-Bahn dagegen nicht. Im Gegenteil, sie könnte autonom effektiver auf Rädern verkehren, was z. B. Überholmanöver erlauben würde.

Straßenbahn: Diese gilt als effektives Verkehrsmittel für mittleres bis hohes Passagieraufkommen und weist einen relativ hoher Deckungsgrad auf. Das ist für die defizitären Verkehrsbetriebe ein wichtiges Argument. In der Praxis erweisen sich Straßenbahnen häufig als unzuverlässig, weil anfällig für Pannen und blockierte Trassen. Außerdem sind sie relativ groß und fahren in den Nebenzeiten meist schwach besetzt herum.

Eine günstige Alternative zur Straßenbahn stellen autonome Busse mit einer Kapazität zwischen 50 und 150 Passagieren dar, die auf den bestehenden (gedeckelten) Straßenbahntrassen fahren könnten. Oberleitungen entfallen, die Störungen durch blockierte Trassen auch. Vollautonome Busse könnten nach Bedarf fahren, in dichter Folge, falls notwendig, in größeren zeitlichen Abständen in den Randzeiten. Solche Strecken ließen sich bereits heute mit relativ geringem Aufwand umrüsten. Sie sind weitgehend abgesperrt und hochgradig reguliert (Ampelanlagen etc.). Der autonome Betrieb solcher streckengebundener autonomer Busse stellt eine technisch nicht allzu hohe Herausforderung dar. Es gibt bereits diesbezügliche Versuche, wenn auch im kleineren Maßstab. Ähnliche Lösungen sind auch für die S-Bahnen denkbar, die gegenwärtig in den Metropolregionen verkehren.

Ein ähnliches Konzept wird aktuell in Yibin in China verfolgt. In der Provinz Sichuan fährt neuerdings eine „schienenlose Straßenbahn".[1] Sie erreicht auf der 18 km langen Strecke 70 km/h und kann bis zu 300 Passagiere befördern. Die Züge können autonom fahren und werden durch Sensoren in der Straße und über GPS gesteuert. Solche Strecken erfordern deutlich niedrigere Investitionskosten als herkömmliche Stadtbahnen und bieten mehr Flexibilität. Weitere Linien gibt es bereits in anderen chinesischen Provinzen oder sollen bald folgen. In Qatar wurden ähnliche Konzepte für die Fußball-WM 2022 getestet.

Fernverkehr: Dass Fernzügen auf Strecken bis 300–400 km gegen straßengebundene autonome Fahrzeuge

---

[1] Süddeutsche Zeitung vom 07.12.2019.

nur wenig Chancen eingeräumt werden, habe ich weiter oben im Detail ausgeführt. Einzig die Schnellbahnstrecken könnten insbesondere gegenüber dem Flugverkehr konkurrenzfähig sein. Das betrifft nach den bisherigen Erfahrungen Streckenlängen zwischen 500 und 1500 km. Die wichtigste Voraussetzung besteht allerdings darin, dass diese Züge möglichst wenig halten, also vorzugsweise nonstop fahren. Das hat sich aber zumindest in Deutschland als nahezu unmöglich erwiesen. Denken wir hier an einsame ICE-Bahnhöfe wie in Montabaur.

Großflächige, europäische (!) Lösungen könnten also im schienengebundenen Hochgeschwindigkeitsbereich funktionieren. Ob sie politisch durchsetzbar sind, ist eine andere Frage. Ebenfalls offen ist, ob die dafür notwendigen gewaltigen Investitionen, der damit verbundene Flächenverbrauch, die Zerschneidung von Landschaften und nicht zu vergessen die Lärmbelästigung mit Sicht auf einem in puncto Verbrauch und Lärmerzeugung beständig aufholenden Flugverkehr zu rechtfertigen sind. Für Europa erscheint mir das auf lange Sicht eher unwahrscheinlich. Außerdem wäre dieses Hochgeschwindigkeitsnetz eine isolierte Lösung und kein Bestandteil eines umfassenderen Schienensystems mehr. Im Übrigen hätte die Magnetschwebebahn genau diesem Anforderungsprofil entsprechen sollen. Sie ist aus ebendiesen Gründen gescheitert. Warum sollte es also einem spiegelbildlichen Hochgeschwindigkeitsnetz besser ergehen? Die Beharrungskräfte des Faktischen (die bisher getätigten Investitionen) reichen hier vermutlich langfristig nicht aus.

Zum Schluss: Was wird aus unseren Städten?

Als Sozial- und Umweltpsychologe, der sich lange mit dem Thema Stadt beschäftigt hat, liegt mir die Zukunft der Städte besonders am Herzen. Es wäre falsch zu glauben, und das möchte ich hier ausdrücklich betonen, dass das autonome Fahren alle unsere Mobilitätsprobleme in den Städten löst.

Im Gegenteil: Neuere, groß angelegte Studien und Simulationen zeigen, dass fahrerlose Autos die Verkehrsprobleme in den Großstädten verschärfen werden. Dies ist unmittelbar nachvollziehbar, wenn man bedenkt, dass autonome Fahrzeuge auch leer fahren, möglicherweise sogar viele Leerfahrten durchführen müssen, um neue Kunden aufzunehmen. Diese Leerfahrten müssen also zu den eigentlichen (menschlichen) Mobilitätsanlässen hinzugerechnet werden.

Je nach Modellrechnung kommt man zu dem Ergebnis, dass die gefahrenen Fahrzeugkilometer um bis zu 90 %

M. Lalli, *Autonomes Fahren und die Zukunft der Mobilität*, https://doi.org/10.1007/978-3-662-68124-4_19

(!) zunehmen könnten. Eine unvorstellbare Zahl, die zum endgültigen Verkehrskollaps in den Städten führen würde. Daran ändern auch schmalere Fahrspuren und höhere Taktungen, intelligente Kreuzungen und alle anderen Zugewinne der Automatisierung nichts.

Wie lässt sich also der Verkehr von morgen mit dem eng begrenzten Raum in unseren Städten vereinbaren?

Eines der Schlüsselwörter ist Sharing.[1] Sharing bedeutet hier zunächst nur, dass nicht jeder alleine fahren darf oder sollte. Mehrere Personen müssen sich ein Fahrzeug teilen. Simulationen in verschiedenen Großstädten (z. B. Lissabon und New York) zeigen, dass bei maximalem Sharing der autonomen Fahrzeuge eine Reduktion der Fahrzeugkilometer um bis zu 25 % möglich wäre. Allerdings müssten die Fahrgäste dann einige Minuten Wartezeit und auch kleinere Umwege in Kauf nehmen.[2, 3]

Es ist jedoch nicht realistisch, dass ein solch hoher Sharing-Wert tatsächlich erreicht wird. Dagegen spricht die Bequemlichkeit, aber auch das Sicherheitsempfinden vieler Menschen. Letzteres sollte nicht unterschätzt werden. Es wird nicht gelingen eine große Gruppe potenzieller Fahrgäste dazu zu bewegen, ein Robotertaxi mit anderen Menschen zu teilen.[4]

---

[1] Damit ist nicht das Car-Sharing im heutigen Sinne gemeint. Diesem werden für die Zukunft keine großen Chancen mehr eingeräumt.

[2] International Transport Forum; How shared self-driving cars could change city traffic (2015).

[3] Magazin für Autonome Autos, Vernetzung, Robotik und Künstliche Intelligenz vom 04.04.2018.

[4] Nicht zuletzt die Corona-Pandemie hat gezeigt, dass enge körperliche Nähe zu Unbekannten problematisch sein kann. Diese drei Jahre sind nicht spurlos an den Menschen vorübergegangen. Ein Unsicherheitsgefühl bei geringer körperlicher Distanz wird wohl noch viele Jahre bestehen bleiben.

Es ist daher festzuhalten, dass das autonome Fahren, wenn es nicht durch andere, weitergehende Maßnahmen flankiert wird, zu einer deutlichen Zunahme des Automobilverkehrs (in den Städten, aber nicht nur dort) führen wird. Dies ist aber nicht wünschenswert und sollte unbedingt vermieden werden.

Ein ganzes Bündel von Maßnahmen ist notwendig, um das zu erreichen.

Das Verschwinden einer klaren Abgrenzung zwischen ÖPNV und Individualverkehr wurde bereits angesprochen. Es wird Fahrzeuge aller Größen und Klassen geben, die ein nahezu stufenloses Angebot von einer bis zu mehreren hundert Personen bereitstellen. Vans und Minibusse sind die Gewinner dieses zukünftigen Marktes. Diese „neue Mitte", die aus unserer Sicht einen erheblichen Anteil der zukünftigen Mobilität übernehmen wird, wird sowohl von den neuen Flottenanbietern als auch von den traditionellen ÖPNV-Anbietern betrieben werden. Hier entsteht ein neuer Wettbewerb, dessen sich die städtischen Verkehrsbetriebe offenbar noch nicht in vollem Umfang bewusst sind. Der immer lauter werdende Ruf nach staatlicher und kommunaler Regulierung wird die etablierten ÖPNV-Unternehmen nicht davor bewahren, ins Hintertreffen zu geraten, wenn sie sich nicht frühzeitig auf die neuen Anforderungen und die neue Konkurrenz einstellen.

Eine Skalierung der Flotten, d. h. die Erweiterung der betriebenen Modelle um mittelgroße Fahrzeuge (6 bis 12 Sitzplätze), kann zu einer Begrenzung des Verkehrsaufkommens führen.

Aber auch das Fahrrad wird in einer Welt autonomer Fahrzeuge und leistungsfähiger öffentlicher Verkehrssysteme nicht ausgedient haben. Die Renaissance, die es derzeit erlebt, wird sich fortsetzen. Dazu bedarf es eines verstärkten Ausbaus von Radschnellwegen sowie der bekannten Verbesserungen und Erleichterungen im Zusammenspiel mit dem motorisierten Verkehr.

Die Elektrifizierung des Radverkehrs wird weiter voranschreiten. Mit Pedelecs und E-Bikes können auch ältere und weniger sportliche Menschen längere Strecken zurücklegen. Aber auch hier sind neue Fahrzeuge gefragt: Fahrräder mit niedrigem Einstieg, mit Lademöglichkeit, mit einem Trittbrett, auf dem man die Füße abstellen kann. Im Grunde muss eine ganz neue Kategorie von schwach motorisierten elektrischen Zweirädern entwickelt werden, eine Mischung aus Roller und Rollstuhl – wie man sie in den Niederlanden auf manchen Radwegen sieht – um die Vielfalt der zukünftigen Transportzwecke zu bewältigen.

Ob die E-Scooter, die es seit einiger Zeit in unseren Städten zu mieten gibt, langfristig eine Rolle im Stadtverkehr spielen werden, ist ungewiss. Wie einige aktuelle Studien zeigen, werden sie derzeit eher nicht als Alternative zum automobilen Individualverkehr gesehen. Sie werden in der Regel für Kurzstrecken genutzt und konkurrieren damit vor allem mit dem ÖPNV. Insbesondere für Touristen stellen sie auch eine Alternative zum Fußweg dar.

Ich möchte aber ausdrücklich davor warnen, E-Scooter in den Großstädten gänzlich zu verbieten. Natürlich ist es ärgerlich, wenn sie vielerorts kreuz und quer herumstehen und herumliegen und den ohnehin knappen Raum für Fußgänger und Radfahrer weiter beschneiden. Aber was sind diese relativ wenigen und kleinen Fahrzeuge im Vergleich zu der unübersehbaren Blechwüste des automobilen ruhenden Verkehrs, der Tag für Tag unsere Straßen und Plätze verstopft? Die Kritik kommt meist von Verkehrsteilnehmern, die die Roller nicht nutzen, oft von Autofahrern, denen die Scooter ohnehin ein Dorn im Auge sind. Das Parken am Straßenrand wird vehement verteidigt, gleichzeitig wird gegen ein Häuflein wild abgestellter Zweiräder gewettert. Auch hier spielt die Gewohnheit eine Rolle: An die allgegenwärtigen parkenden Autos haben wir uns gewöhnt, sie gehören sozusagen zum Straßenbild, aber wenn irgendwo fünf Roller übereinander liegen, ist das ein unerhörter Skandal. Hier gilt es die Verhältnisse gerade zu rücken und dieser neuen Fahrzeugkategorie den ihr gebührenden Raum einzuräumen. Man kann die Nutzung und das Parken weiter reglementieren, aber diese Form der Mikromobilität ist eine wichtige Ergänzung im urbanen Verkehrsmix und sollte auch langfristig eine echte Chance bekommen.

Tatsache ist, dass E-Scooter angenommen werden. Das liegt nicht nur daran, dass es bei jungen Leuten *hip* ist, damit zu fahren, diese Akzeptanz zeigt auch zweierlei:

Wenn ein Fahrzeug überall und jederzeit verfügbar ist und ebenso einfach wieder abgestellt, d. h. zurückgegeben werden kann, hat dies Vorteile. Parallelen zum autonomen Taxi drängen sich auf. Man fährt gerne damit, aber die wenigsten Menschen wollen einen solchen Roller individuell besitzen.

Ein weiterer wichtiger Grund für die Beliebtheit der Scooter, gerade im Vergleich zum ÖPNV, ist die Einfachheit der Anmietung. Man muss sich nicht in jeder Stadt oder in jedem Ballungsraum mit Tarifstrukturen und Fahrplänen auseinandersetzen. Hat man einmal die entsprechende App installiert und sich registriert, ist alles andere ein Kinderspiel. Das wissen vor allem Menschen zu schätzen, die selten oder nie mit öffentlichen Verkehrsmitteln unterwegs sind.

Hier haben die Betreiber des ÖPNV noch viel zu lernen. Es fehlen nationale oder gar internationale Verkehrsverbünde, in denen man alle Verkehrsmittel zu transparenten und einheitlichen Tarifen genutzt werden können. Das Deutschlandticket ist ein erster wichtiger

Schritt. Aber auch gelegentlichen Nutzern sollte der Ticketkauf durch eine bundesweite Vereinheitlichung erleichtert werden.

An dieser Stelle möchte ich auf eine weitere Fahrzeugklasse hinweisen. Wer in letzter Zeit in China war, wird eine Entwicklung bemerkt haben, die uns noch weitgehend fremd ist. Die Straßen dort werden von einer unüberschaubaren Menge elektrischer Roller (damit sind **nicht** die oben erwähnten E-Scooter gemeint) bevölkert. Es ist keine Seltenheit, dass gleich ein ganzer Pulk von Dutzenden oder gar Hunderten von Fahrzeugen an einer Ampel steht. Hier ist eine neue Fahrzeugklasse entstanden (Einsitzer, max. 25 km/h Höchstgeschwindigkeit, max. 40 kg Leergewicht), die sich enormer Beliebtheit erfreut. Dies gilt insbesondere für Liefer- und Zustelldienste aller Art, also für den professionellen und semiprofessionellen Transportbereich.

Wer sich dafür interessiert, kann auf Youtube das Stichwort „e-scooter revolution china" eingeben und wird staunen.

Währenddessen werden bei uns in Deutschland Modellprojekte mit Lastenfahrrädern (!) angeschoben[5]. Allein das zeigt meines Erachtens, wie sehr wir Gefahr laufen, international den Anschluss zu verlieren. Eine Regulierung, die wie in China klare Verhältnisse schafft, fehlt bei uns noch. Leider schieben sich die etablierten Verkehrsträger gegenseitig den schwarzen Peter zu. Niemand will den wertvollen Verkehrsraum mit einer neuen Klasse von Fahrzeugen teilen. Die Automobilindustrie und ihre Interessenverbände wollen die E-Scooter auf die Radwege verbannen, die Radfahrer und ihre Lobby sehen die Bürgersteige als die bessere Alternative, während

---

[5] Wir haben kürzlich eine solche Studie im Kundenauftrag selbst durchgeführt.

Städte und Polizei dies mit Verweis auf die damit verbundenen Gefahren ablehnen. Letztlich wird man nicht umhin kommen, neuen Fahrzeugklassen den Zugang zu den Straßen zu gewähren. Dies wird den Raum für den übrigen motorisierten Verkehr weiter beschneiden und zu einem erbitterten Kampf mit der Autolobby führen.

Lassen Sie mich zum Schluss noch etwas anmerken. Wir müssen umdenken. Die letzten Jahrzehnte haben uns vorgegaukelt, man könne jeden Meter Weg mit dem Auto zurücklegen. Eine Illusion, die angesichts der Parkplatznot in unseren Städten längst nicht mehr der Realität entspricht. Wir müssen uns endgültig von der Vorstellung verabschieden, man könne jederzeit, überallhin fahren, sei es selbst, sei es autonom. Selbst autonome Taxis werden uns wahrscheinlich nicht mehr bis vor die Haustür bringen können. Es wird Sammelplätze geben, Ein- und Ausstiegspunkte, Anbindungen an andere Verkehre. Wäre es wirklich so schlimm, wenn wir ab und zu zwei- oder dreihundert Meter autonom, also mit den eigenen Füßen, zurücklegen müssten?

Wir leben heute mit der Vorstellung mit dem eigenen Fahrzeug (nahezu) jede beliebige Straße befahren und dieses Fahrzeug überall im öffentlichen Raum abstellen zu dürfen. Dieses vermeintliche Recht möchte ich entschieden in Frage stellen. Warum sollte ich in einem fremden Wohngebiet herumfahren dürfen, warum mein Auto vor der Haustür anderer Menschen abstellen, um z. B. in die Straßenbahn zu steigen? Der öffentliche Raum, sei es Fahrstraße oder Abstellfläche, ist wertvoll. Eine private Aneignung dieses Raumes darf nur unter sehr eingeschränkten und klar definierten Bedingungen erfolgen. Es muss selbstverständlich werden, dass private Anwohnerparkplätze auf der Straße genauso viel kosten, wie ein Stellplatz in einem Parkhaus oder einer Tiefgarage. Ziel muss es sein, den ruhenden Verkehr ganz aus den dicht besiedelten Innenstädten und Vororten zu verbannen. Das ist ein langer und konfliktreicher Weg. Wir erleben heute, dass jede Straße, in der das Parken auf dem Gehweg geahndet werden soll – und hier geht es nur um die Durchsetzung geltenden Rechts! – zu monatelangen Auseinandersetzungen in einer Stadt führt. Das gleiche gilt für die ersten zaghaften Gebührenerhöhungen beim Anwohnerparken. Es wird lange dauern, bis wir wirklich verkehrsberuhigte oder gar verkehrsfreie Städte haben werden. Aber ich bin mir sicher, dass das autonome Fahren einen entscheidenden Beitrag dazu leisten wird.

Und stellen Sie sich vor, wie es dann wäre! Wohngebiete könnten für den öffentlichen Verkehr komplett gesperrt werden. Elektrische Poller würden die wenigen Fahrzeuge durchlassen, die ein Recht zum Befahren der Wohngebiete hätten: Die wenigen Anwohner mit eigenem Auto, Lieferanten, Notdienste und auch die Robotertaxis, die ausnahmsweise mal mobilitätseingeschränkte Menschen oder schweres Gepäck doch bis vor die Haustür fahren dürfen. Es gäbe keine Bürgersteige mehr, die alles verstopfenden parkenden Autos sowieso nicht, man könnte Straßen und Wege begrünen, für Fußgänger und Radfahrer attraktiver machen, zum Flanieren und Gehen, zum Sitzen und Ausruhen umgestalten. Vergleichen Sie das mit der heutigen durchschnittlichen zugeparkten Straße, die einem Menschen, einem Kinderwagen, wenn überhaupt, nur eine schmale Lücke zwischen Hauswand und geparktem Auto auf dem Bürgersteig lässt. Wäre das nicht ein enormer Gewinn an Urbanität?

Die Politik

Ich habe vor einiger Zeit mit einem italienischen Stadtplaner gesprochen, der in den USA forscht und arbeitet.
Wir waren uns in vielen Punkten einig. Ob er denke, dass
unsere Szenarien eines Tages eintreffen werden, wollte
ich von ihm wissen. Seine Antwort war: „Wir sollten die
regulatorische Kraft der Politik nicht unterschätzen".[1] Das
heißt so viel wie: Die Politik kann vieles verhindern, verzögern oder in bestimmte Bahnen lenken.

Im Grunde ist das etwas Positives, denn es sollen nicht
Wissenschaftler und Technokraten über unsere Zukunft
entscheiden, so gerne wir Wissenschaftler es manchmal
auch täten.

Wir haben aber auch erlebt, wie politische Ent-
scheidungsträger unter dem Einfluss mächtiger Lobbys

---

[1] Carlo Ratti persönliche Mitteilung 2016.

M. Lalli, *Autonomes Fahren und die Zukunft der Mobilität*,
https://doi.org/10.1007/978-3-662-68124-4_20

selbst in einer demokratischen Gesellschaft wie der unseren, verhängnisvolle Entwicklungen befördert haben. Die deutsche Verkehrspolitik diente über viele Jahre hinweg – gegen den ausdrücklichen Rat der allermeisten Verkehrsexperten – der fast alleinigen Förderung des motorisierten Individualverkehrs. Die verheerenden Folgen dieser Politik sehen wir heute.

Technische Entwicklungen vollziehen sich nicht automatisch. Zwischen verschiedenen Optionen entscheidet nicht der Zufall, und es gibt auch nicht die allumfassende Kraft des Faktischen. Die Zukunft ist das Ergebnis vieler kleiner und großer politischer Entscheidungen. Man wird bestimmte technische Entwicklungen nicht aufhalten können, aber man wird sie regulieren und in bestimmte Bahnen lenken können.

Und hier sind einige aktuelle Entwicklungen durchaus besorgniserregend.

In Hamburg startete 2019 das recht erfolgreiche Sammeltaxi-Angebot von MOIA. Dabei handelt es sich um ein klassisches (nicht-autonomes) Ridesharing-Konzept von VW, das es in ähnlicher Form bereits in anderen Städten gibt.

Dass die Taxifahrer dagegen Sturm laufen würden, war zu erwarten – sie erzwangen zeitweise gerichtlich die Begrenzung der MOIA-Flotte – dass aber auch im Senat, wie übrigens auch andernorts[2], laut darüber nachgedacht wird, den heimischen ÖPNV vor der neuen Konkurrenz zu schützen, lässt aufhorchen.

Wie wird man also reagieren, wenn nicht ein paar hundert MOIAs auf die Straße kommen, sondern

---

[2] In Berlin wurde MOIA zunächst der Betrieb verweigert: „Im Umweltverbund der Hauptstadt habe der ökologisch besonders nachhaltige Bahn-, Bus-, Rad- und Fußverkehr Vorrang." Der Tagesspiegel vom 24.02.2019.

Millionen von Robotertaxis drohen? Es steht zu befürchten, dass wie in anderen Branchen üblich, zunächst einmal anderen Verkehrsträgern und -konzepten langfristige Bestandsgarantien gegeben werden. Zu Lasten der Steuerzahler und zu Lasten der dringend notwendigen Verkehrswende. Wenn sich die ÖPNV-Unternehmen dem neuen Wettbewerb und den Herausforderungen nicht stellen, werden sie genauso untergehen, wie es der deutschen Automobilindustrie nach jahrelanger Blockadepolitik droht.

Derzeit werden zahlreiche Entscheidungen diskutiert, die weitreichende Konsequenzen für die verkehrspolitische Zukunft haben. Aus meiner Sicht werden dabei die in diesem Buch skizzierten wahrscheinlichen Entwicklungen nicht ausreichend berücksichtigt. Drei wichtige Punkte möchte ich exemplarisch herausgreifen:

Die Bahn: Wie ich gezeigt habe, ist es um ihre Zukunft nicht gut bestellt. Ich bin überzeugt, dass schienengebundener Verkehr auf lange Sicht verschwinden wird. Autonome Fahrzeuge brauchen keine Schienen, und ob der Massenverkehr der Zukunft aneinander gekoppelte Wagen bedarf, ist offen. Möglicherweise wird die Schiene eine Nische auf ultraschnellen Langstrecken behalten. Diese Entwicklung ist derzeit vor allem in China zu beobachten. Ob sie sich auf das kleinräumige Europa übertragen lässt, ist fraglich. Dazu wären grenzüberschreitende Strecken mit wenigen Haltepunkten notwendig. Das ist schon in Deutschland bei den ICE-Strecken kaum durchsetzbar, international wird es sicher nicht einfacher.[3]

---

[3] Die Deutsche Bahn und die französische SNCF planen derzeit eine durchgehende Schnellbahnverbindung zwischen Berlin und Paris. Es gibt bereits zwei Teilstrecken (Berlin-Frankfurt und Frankfurt-Paris), die regelmäßig, aber unabhängig voneinander befahren werden. Sie müssten nur miteinander ver-

Es stellt sich daher die Frage, ob man, wie jetzt beschlossen, einen dreistelligen Milliardenbetrag (!) in ein Verkehrssystem investieren soll, das technisch als Auslaufmodell gilt. Es handelt sich um eine Entscheidung, die sich auf mindestens 50 Jahre auswirkt, und die ohne ein übergeordnetes und abgestimmtes Verkehrskonzept getroffen wird. Hier werden (möglicherweise falsche) Weichen gestellt, die den Verkehr der Zukunft maßgeblich bestimmen werden. Denn natürlich fehlen diese investierten Mittel an anderer Stelle.

Straßenbahnen: Unsere hiesigen Verkehrsbetriebe haben gerade für 250 Mio. EUR ein großes Los neuer Straßenbahnen gekauft. Das ist für ein solches Unternehmen eine gewaltige Investition.

Sie kommen von Škoda und sehen bieder und ganz und gar nicht futuristisch aus, was an und für sich kein Problem darstellt. Allerdings sind sie nicht behindertengerecht, was im Vorfeld zu heftigen Diskussionen geführt hat. Im Wageninneren muss man Stufen überwinden. Das hat etwas mit den Drehgestellen zu tun, die, plan untergebracht, mehr Verschleiß verursachen würden.

Das ist ein gutes Beispiel für die Denkweise der Verantwortlichen: Bei einer solchen Investition geht es in erster Linie um technische und betriebswirtschaftliche Aspekte und nicht um Kundenfreundlichkeit.

---

knüpft werden. Eine einfache Aufgabe, könnte man meinen. Doch nun will die Bahn auf der kürzeren, wenn auch nicht ausgebauten Strecke über Saarbrücken fahren. Die SNCF besteht auf der deutlich längeren, aber gut ausgebauten Verbindung über Straßburg. Vernünftig wäre es, sich für die französische Variante zu entscheiden, weil sie insgesamt schneller ist. Doch was wird passieren? Ich wage eine Prognose. Die ICEs werden über Saarbrücken fahren, die TGVs über Straßburg. So wie heute schon. Eine Posse? Nein, nur ein Vorgeschmack auf die kommende internationale „Zusammenarbeit" im europäischen Schnellbahnverkehr.

Nun bin ich ein täglicher Nutzer der Straßenbahn. Meistens kommt sie zu spät, was verschmerzbar ist, zu früh[4] (!), was zumindest erstaunlich, weil vermeidbar ist, und manchmal kommt sie gar nicht, was für jemanden, der wichtige Termine hat, nicht akzeptabel ist.

Darauf angesprochen, pflegen die Verantwortlichen zu antworten: „Ja, es sind eben Straßenbahnen." Was heißen soll: Es liegt in der Natur der Schiene, dass, wenn sie einmal blockiert ist (Pannen, Unfälle etc.), kein Fortkommen mehr möglich ist. Dann stauen sich die Züge und bringen die Fahrpläne der ganzen Region durcheinander.

Warum wird an einem solchen Verkehrssystem festgehalten, seine Nutzung durch Neuanschaffungen auf unbestimmte Zeit, mindestens aber um drei Jahrzehnte verlängert?

Dazu muss man wissen, dass bei uns der finanzielle Deckungsgrad bei der Straßenbahn knapp 90 % beträgt, bei den Bussen sind es nicht einmal 50 %. Die Straßenbahn wird als „das Rückgrat" des ÖPNV angesehen und dementsprechend werden neue Fahrzeuge beschafft und neue Strecken gebaut.[5]

Dabei gäbe es Alternativen. Schon heute könnten autonome (elektrische) Busse auf den Straßenbahntrassen fahren. Sie könnten bedarfsabhängig eingesetzt werden, wären flexibler, breiter, komfortabler und ließen sich nicht

---

[4] Nach einer internen Richtlinie dürfen die Straßenbahnen bei uns bis zu 90 s zu früh losfahren. Daraus werden gerne mal zwei Minuten. Zum Beispiel, wenn es darum geht, kurz vor der Endhaltestelle, die fällige Pause zu verlängern. Betrachtet man diese ‚Verfrühungen' zusammen mit den Verspätungen, so zeigt sich, dass es bei einem 10-Minuten-Takt nahezu unmöglich ist, sich effektiv darauf einzustellen. Genauso gut kann man auf gut Glück zur Haltestelle gehen und sich den Blick auf den Fahrplan, der nur auf dem Papier steht, sparen.

[5] Regionalkonferenz Mobilitätswende von Metropolregion Rhein-Neckar und Technologie Region Karlsruhe am 14.06.2018.

so leicht außer Gefecht setzen wie ein schienengebundenes System.

Auch hier wird also sehr viel Geld in ein veraltetes[6] Verkehrssystem investiert, ohne dass ein zukunftsfähiges, integriertes Gesamtkonzept vorliegt.

Ladeinfrastruktur: Ob sich das batteriebetriebene Elektroauto langfristig durchsetzen wird, ist ungewiss. Möglicherweise werden sich mit Wasserstoff oder gar mit Erdgas betriebene Brennstoffzellenfahrzeuge als überlegen erweisen. Sehr viel wahrscheinlicher ist es jedoch, dass die Verbreitung autonomer Fahrzeuge zu einem drastischen Rückgang des privaten Autobesitzes führen wird.

All dies spricht gegen den forcierten Ausbau einer dezentralen Ladeinfrastruktur. Wenn autonome Flotten von ihren Betreibern zentral mit Strom versorgt werden, brauchen wir keine flächendeckende Infrastruktur mit Millionen von Ladepunkten.

Bis zur massenhaften Verbreitung autonomer Fahrzeuge brauchen wir aber natürlich eine Übergangslösung. Denn die Elektrifizierung schreitet erst einmal voran und ist notwendig, um die Klimaziele zu erreichen. Der Aufbau einer solchen Infrastruktur sollte aber mit Augenmaß erfolgen und möglichst Perspektiven beinhalten, was damit in einer ferneren Zukunft geschehen soll.

---

[6] Kürzlich war ich mit einem Kollegen aus Shanghai in der Düsseldorfer Altstadt unterwegs. Eine altertümliche Straßenbahn kam uns bimmelnd entgegen. Ich tippe auf ein Modell aus den 50er Jahren. Der Kollege staunte. Ob das ein fahrendes Museum sei, fragte er. Nein, es war ein reguläres Linienfahrzeug. Man musste allerdings drei hohe Stufen erklimmen, um hineinzukommen, was die Fahrgäste mit Gleichmut hinzunehmen schienen. Wer älter oder gehbehindert war, entschied sich, auf den nächsten, hoffentlich moderneren Zug zu warten. Wir haben uns an solche Bilder gewöhnt und denken uns nichts dabei. Wer aus dem Ausland kommt, steht kopfschüttelnd daneben. Nichts zeigt deutlicher, dass wir drauf und dran sind, international den Anschluss zu verlieren.

Und ein letzter Punkt. In einer Welt autonomer Fahrzeuge brauchen wir viel weniger Pkw-Stellplätze als heute. Der Neubau von Parkhäusern und Tiefgaragen in den Innenstädten wird sich als teure Fehlinvestition erweisen. Wo Parkhäuser heute unverzichtbar erscheinen, sollte eine Bauweise bevorzugt werden, die einen Rückbau oder eine Umnutzung ermöglicht. In Paris werden leerstehende Tiefgaragen zur Pilzzucht genutzt. Das ist sicher nur eine Notlösung. Denn man wird in Zukunft niemals so viele Pilze essen können, wie es leerstehende Tiefgaragen geben wird. Ein kluger Kopf hat kürzlich auf einer Diskussionsveranstaltung gesagt: „Wer heute noch Parkhäuser baut, macht sich zum Gespött seiner Enkel." Dem ist nichts hinzuzufügen.

Nachwort

Am Ende dieser Reise von den Ursprüngen der Mobilität bis zu ihrer Zukunft ist eine grundsätzliche Bestandsaufnahme unumgänglich. Warum ist die heutige Mobilität so wie sie ist, woher kommen die allseits beklagten Probleme, von denen heute so viel die Rede ist? Verstopfte Städte, zunehmende Staus auf den Fernstraßen, bemitleidenswerte Nahverkehrssysteme, überfüllte, defekte und unzuverlässige Züge, chaotische Zustände auf den Flughäfen. Es scheint, als erlebten wir gerade einen Verkehrskollaps und alle reiben sich verwundert die Augen. Wie konnte es so weit kommen?

Als jemand, der jahrzehntelang für die Automobilindustrie gearbeitet hat (und es immer noch tut), komme ich nicht umhin zu konstatieren, dass es die Fixierung auf eben dieses Automobil war, was zu diesen Zuständen geführt hat. Nirgendwo auf der Welt gibt es einen so engen Schulterschluss zwischen Politik, Autoindustrie

M. Lalli, *Autonomes Fahren und die Zukunft der Mobilität*,
https://doi.org/10.1007/978-3-662-68124-4_21

und Autofahrerverbänden wie in Deutschland. Die Auto-lobby ist die mit Abstand einflussreichste Kraft, keine andere Branche ist personell so eng mit der Politik ver-flochten. Dieser gesellschaftliche und politische Konsens zieht sich durch alle Parteien. Selbst den GRÜNEN als einziger tendenziell automobilkritischer Partei ist es in ihrer Regierungsverantwortung im Autoland Baden-Württemberg nicht gelungen, eine ernsthafte Kehrtwende zu vollziehen. Aus einem erklärten Autogegner wie Ver-kehrsminister Winfried Hermann wurde nach und nach ein handzahmes Maskottchen von Porsche, Daimler & Co.

Diese unheilige Allianz hat jahrzehntelang alle Bemühungen zur Senkung der Abgas- und Verbrauchs-werte erbittert bekämpft. So hat Deutschland in den europäischen Gremien eine Verschärfung der ent-sprechenden Grenzwerte stets verhindert, verzögert oder verwässert. Die Automobilindustrie ihrerseits hat die ihr abgerungenen kleinen Erfolge mit allen legalen (und illegalen) Mitteln konterkariert. Heute stehen wir vor einem Scherbenhaufen.

Doch nicht nur die automobile Mobilität steht heute am Scheideweg. Die anderen Verkehrsträger wurden über eine sehr lange Zeit zugunsten des Automobils ver-nachlässigt. Der ÖPNV fristet ein kümmerliches Dasein als letzter Mobilitätsanker der Mittellosen und Alten, der Schüler und Studenten. Ein hoffnungslos veralteter Fuhr-park zeugt davon.[1] Die Bundesbahn wurde dem Imperativ des Sparens geopfert und personell ausgeblutet. Jeder

---

[1] So verfügte Berlin nach einer Studie der Unternehmensberatung PwC als führende (!) Stadt in Deutschland im Jahr 2021 gerade einmal über 137 Elektrobusse. Im chinesischen Shenzhen waren es drei Jahre vorher bereits mehr als 18.000. (Die Welt vom 26.02.2021) Leider nur ein Beispiel von vielen.

Meter Radweg wurde den Autofahrern über viele Jahre hinweg mühsam abgetrotzt. Und wenn heute neue Verkehrsmittel wie E-Scooter in Deutschland zum Feindbild mutieren, dann liegt das an denselben Kräften, die ihre Regulierung verhindern, um dem Automobil den maximalen Raum auf der Straße zu erhalten.

Doch das beginnt sich langsam zu ändern. Das gilt für die Förderung des Radverkehrs, aber auch für den Ausbau des ÖPNV, der S-Bahnen und der Fernbahnstrecken. Man beginnt zu begreifen, dass Mobilität nicht nur automobile Mobilität sein kann und dass die anderen Verkehrsträger dringend gebraucht werden und nicht nur eine Ergänzung oder gar ein Feigenblatt sind.

Das alles hat aber auch mit der Krise der Automobilindustrie und mit ihrem schwindenden Einfluss zu tun. Deren jahrzehntelange Blockadepolitik, ihre Tricksereien und Betrügereien haben die notwendige Anpassung an die Erfordernisse zukünftiger Mobilität so lange hinausgezögert, dass man sich fragen muss, ob es nicht bereits zu spät ist.

Man hört heute oft, die Automobilindustrie habe den Umstieg auf die Elektromobilität und andere alternative Antriebskonzepte „verschlafen". Das beklagen Politiker, Journalisten, Fachleute und auch interessierte Bürger. Als ob sie nicht über hoch bezahlte Experten verfügen würde, die die zukünftigen Entwicklungen genau im Blick haben.

Nein, es war nicht Sattheit oder Faulheit oder gar Dummheit, dass der notwendige Umstieg spät, vielleicht zu spät begonnen hat. Gerade jetzt arbeiten alle deutschen Hersteller fieberhaft an neuen elektrischen Modellreihen. Dass die Automobilindustrie versucht hat, den Umstieg so lange wie möglich zu verhindern oder zumindest hinauszuzögern, hat rationale und nachvollziehbare Gründe.

Der historische Vorsprung der traditionellen Automobilhersteller, insbesondere der deutschen, liegt im

Antrieb, im Motor. Ein heutiger Verbrennungsmotor und insbesondere ein Dieselmotor ist ein wahres Wunderwerk der Technik. Er besteht aus unzähligen Teilen, ist dennoch wartungsarm und weitgehend verschleißfrei. In ihm stecken 120 Jahre Entwicklungsarbeit. Wenn wir die ersten Motoren mit den heutigen vergleichen, sehen wir, welch langer Weg hier zurückgelegt wurde. Ähnlich verhält es sich mit der Getriebetechnik. Wenn wir uns zum Beispiel ein modernes Achtgang-Automatikgetriebe anschauen, dann ist der Entwicklungsstand heute so hoch, dass es nicht einmal die Autokonzerne selbst herstellen könnten. Ähnliches gilt für Steuergeräte und anderes.

Elektromotoren sind dagegen relativ einfache Aggregate. Auch das gesamte elektrische Antriebssystem benötigt deutlich weniger Komponenten. Würde also heute ein neuer Akteur auf den Markt kommen, wäre er kaum oder nur nach einem sehr langer Zeit und zu sehr hohen Kosten in der Lage, einen effizienten Verbrennungsmotor zu entwickeln und zu bauen. Anders sieht es beim Elektroantrieb aus. Hier stehen zunächst alle an der gleichen Startlinie. Auch Newcomer haben eine Chance, wie das Beispiel Tesla zeigt. Warum also sollte die deutsche Automobilindustrie diesen unfassbaren Vorsprung leichtfertig aufgeben?[2]

Ähnlich verhält es sich übrigens mit dem autonomen Fahren, wobei wir wieder beim eigentlichen Thema wären. Hierzulande lebte und lebt die deutsche Autobranche vom Mythos der „Freude am Fahren" und der Freiheit, so schnell fahren zu können, wie man will. Autofahren soll

---

[2] Leider hat die deutsche Automobilindustrie die letzten Jahre nicht genutzt, um von der "gleichen Startlinie" so weit wie möglich nach vorne zu kommen. Teslas Vorsprung wird derzeit von Experten auf mindestens fünf Jahre geschätzt. Dieser Vorsprung betrifft vor allem folgende Bereiche: Batterie, Chassis und Software.

Spaß machen, eine Form der Selbstverwirklichung sein, Sportlichkeit demonstrieren. Autonomes Fahren steht aber dem Primat der Fahrfreude diametral entgegen – und wird folgerichtig von Fahrern, die so denken, abgelehnt. Und auch an ein Tempolimit auf unseren Autobahnen werden autonome Fahrzeuge nicht herumkommen.[3]

Prestige und Status, zwei weitere Säulen der deutschen automobilen Kultur, verlieren, wie wir gesehen haben, immer mehr an Bedeutung. Die Menschen begeistern sich heute für Informationstechnologie und Telekommunikation. Status wird mit Immobilien, Kunst, Möbeln und Reisen demonstriert und in den sozialen Kanälen zur Schau gestellt. Wer postet seinen neuen Porsche auf Facebook? Und was nützt mir mein neues Auto, wenn es niemand zu Gesicht bekommt, weil ich von meiner Tiefgarage ins Parkhaus in der Stadt fahre? Die Zeiten, in denen man seinen ganzen Stolz vor der Eisdiele vor aller Augen abstellen konnte, sind schon lange vorbei.

Warum also sollte die deutsche Automobilindustrie das autonome Fahren forcieren, wenn es ihren zentralen Werte widerspricht?[4]

---

[3] Beim autonomen Fahren scheint der Vorsprung von Tesla trotz der vollmundigen Ankündigungen von Elon Musk, demnächst einen vollautonomen City-Pilot auf den Markt zu bringen, nicht ganz so groß zu sein. Der normale Autopilot arbeitet noch immer nicht zufriedenstellend. Er wird zwar mit jedem Update besser, der Weg zu einem Level-4-Fahrzeug ist aber auch bei Tesla noch weit. Aber wir wissen natürlich nicht, woran genau in den Tesla-Softwarelabors getüftelt wird. Vielleicht gelingt der Geniestreich schon sehr bald. Wenn man aber sieht, dass auch Apple noch ein gutes Stück vom autonomen Auto entfernt zu sein scheint, wird man sich bei Tesla noch einige Jahre gedulden müssen.

[4] Erinnern wir uns: Daimler war Ende der 80er, Anfang der 90er Jahre Jahre führend in der Entwicklung von Fahrerassistenzsystemen, verzichtete aber bewusst darauf, weiter in Richtung autonomes Fahrzeug zu forschen. Das Auto sollte sicherer werden, aber niemals autonom. Damit wurde ein wichtiger Vorsprung verspielt.

Folgerichtig stellt man sich in der Vorstandsetagen der Automobilkonzerne vor, dass sich wenig ändern wird. Man wird seinen Mercedes weiterhin selbst besitzen wollen, wird ihn weiterhin selbst bewegen und nur manchmal, und das auch nur spaßeshalber, wird man der Automatik das Steuer überlassen und sich an der perfekten Technik erfreuen. So wird es aber nicht kommen, das habe ich zu zeigen versucht.

Alternative Antriebe werden kommen und das autonome Fahren auch. Ich gehöre nicht zu den Skeptikern, die voraussagen, dass die deutsche Automobilindustrie diesen Wandel nicht überleben wird, dafür hat sie zu viele Ressourcen. Und wenn nötig, wird die Politik regulierend, fördernd oder gar rettend eingreifen. Das zeigt die gerade begonnene diesbezügliche Diskussion. Aber der einstige Vorsprung ist dahin. Sie wird sich in einen größeren Kreis von Wettbewerbern einreihen müssen, und andere werden über neue Schlüsselkompetenzen verfügen, die sich die alten Konzerne erst mühsam (oder teuer) aneignen müssen.

Angesichts von zwei Millionen Arbeitsplätzen, die direkt oder indirekt von der deutschen Automobilproduktion abhängen, ist es wünschenswert und zu hoffen, dass die Umstellung gelingt. Sicher ist das aber nicht. Nur wenn die Verantwortlichen wirklich verstehen, was autonomes Fahren bedeutet und welche Konsequenzen damit verbunden sind, hat die Branche eine Chance. Andernfalls wird sie tatsächlich untergehen. Die Zeit drängt, nur ein entschlossenes und radikales Umsteuern kann das Schlimmste verhindern. Ich hoffe, dass ich mit diesem Papier einen kleinen Beitrag dazu geleistet zu haben.

Mehr Informationen gibt es auf der sociotrend-Webseite: http://www.sociotrend.com.

Interessierte können unter der Email-Adresse info(at)sociotrend.com Kontakt aufnehmen. Kritische Anmerkungen und Diskussionsbeiträge sind ausdrücklich erwünscht.

Noch ein Wort zu Corona[5]

Während ich diese Zeilen schreibe, liegt die erste Corona-Welle gerade hinter uns. Es ist Juni, und ich korrigiere die Druckfahnen dieses Buches. Natürlich frage auch ich mich, was die Pandemie an den Aussagen meiner Schrift ändert.

Wir erleben gerade eine Renaissance des Individualverkehrs. Man hat das Automobil als Trutzburg wiederentdeckt. Selbst Autokinos sind so gefragt wie seit den 60er Jahren nicht mehr. Gleichzeitig gibt es einen Boom bei den Zweirädern. Sie werden den Händlern aus den Händen gerissen. Italien und Frankreich verteilen Kauf- und Reparaturprämien. Popup-Fahrradwege entstehen allerorten. Parallel dazu sind die Fahrgastzahlen im öffentlichen Verkehr eingebrochen. Das belegen aktuellen Verkehrsanalysen.

Ähnliches sehen wir auch im Fernverkehr. Die Menschen bevorzugen Ziele, die man mit dem eigenen Automobil erreichen kann. Der vor Corona schon bestehende Trend zu Camping und Caravaning hat sich weiter verstärkt. Fast 95 % aller Flugzeuge stehen am Boden, von den Kreuzfahrtschiffen ganz zu schweigen.

---

[5] Diese Zeilen habe ich vor zwei Jahren (2021) geschrieben. Aufgrund ihrer ungebrochenen Aktualität, habe ich mich entschlossen, sie auch in dieser Neuauflage beizubehalten.

Wird also nach Corona alles anders? Ich denke, nicht. Zum einen werden sich viele Entwicklungen wieder normalisieren. Epidemien bleiben nicht lange im Gedächtnis der Menschen. Das zeigt die Medizingeschichte. Zum anderen hat Corona längst überfällige Entwicklungen beschleunigt: Der elektrische und nicht-elektrische Zweiradverkehr bekommt nach und nach endlich die Bedeutung (und den Raum), den er verdient. Auch die Grenzen des Massentransports sind in diesen Tagen sichtbar geworden. Ich glaube, dass sich Menschen in Zukunft nicht mehr in gleicher Weise in Flugzeugen, auf Schiffen und in Zügen zusammenpferchen lassen werden. Auch im ÖPNV wird es ein Umdenken zu mehr Bewegungsfreiheit und Qualität geben. Das wird im Fernverkehr folgerichtig mit steigenden Preisen einhergehen und den Billigtourismus einbremsen. Auch diese Entwicklung ist aus Gründen des Umweltschutzes und der Überfüllung touristischer Destinationen längst überfällig.

Das autonome Fahren wird trotzdem kommen. Durch die tendenziell kleineren Fahrzeuge und die flexiblere Skalierung ihrer Größe eröffnen sich zudem Alternativen zum gegenwärtigen Massenverkehr.

Eines hat die Epidemie aber unmissverständlich gezeigt: Die Menschen haben ein sehr hohes Sicherheitsbedürfnis und fordern rigorose Schutzmaßnahmen. Sie neigen dazu, sich bei Gefahr schnell abzuschotten. Will man in autonomen Fahrzeugen mehrere fremde Menschen zusammen befördern – wir haben gezeigt, dass es sonst keine echte Entlastung in den Städten geben wird – muss man dieses Bedürfnis sehr ernst nehmen. Andernfalls wird es schwer, den Individualverkehr zu überwinden.